Pferde putzen

Gesundheitlicher Nutzen

MASSIEREN • MOBILISIEREN • VERBINDEN

KARIN LINK

Pferde putzen

Gesundheitlicher Nutzen

FNbuch

Impressum

Bibliografische Information der Deutschen Nationalbibliothek

Die Deutsche Nationalbibliothek verzeichnet diese Publikation in der Deutschen Nationalbibliografie; detaillierte bibliografische Daten sind im Internet über http://dnb.dnb.de abrufbar.

Autorenin
Karin Link / www.karinlink.com

Lektorat
Dr. Carla Mattis, FNverlag, Warendorf

Korrektorat
FN*verlag*, Warendorf

Titelfoto
Alexandra Vosding Fotografie, Bad Homburg v.d.H.

Nachweis Fotos und Illustrationen
Alexandra Vosding Fotografie, Bad Homburg v.d.H.: Seiten 11, 18 o., 19, 20, 22, 43, 51 re., 57, 65 (3), 70 (3), 71 (2), 83, 85, 86 (3), 87 (3), 88 (2), 90 (2), 91 (6), 93 (5), 95 (2), 96 (4), 98 (2), 99, 100 (2), 103 (5), 105 (3), 110 (7), 115 (3), 118 (5), 122 (3), 125 (4), 127 (4), 128 (3), 130 (7), 133 (7), 136 (6), 137 (4), 141 (5), 143 (3), 145 (4), 146 (2), 147 (4), 149, 150-151 (12), 166, 167, 169, 175 (3)
Karin Link, Siegburg: Seiten 16, 17 (2), 18 u. (2), 21 (2), 23 (2), 30 (3), 31 (2), 33 (2), 35 (4), 37 (2), 47, 48 (2), 50 (2), 51 li., 80, 111, 112 (3), 116, 120 (2), 123 (2), 153, 154, 155, 156 (2), 157 (2), 160, 164, 165
Privatarchive: Seiten 12, 13 (2), 14 (© Celin Lannusalu), 15
Christiane Slawik, Würzburg: Seite 32
Nicola van Ravenstein, Verden: Seiten 40, 80

Gesamtgestaltung
Nicola van Ravenstein, Verden

Druck und Verarbeitung
Plump Druck & Medien GmbH, Rheinbreitbach

ISBN 978-3-88542-864-0

FSC www.fsc.org
MIX
Papier | Fördert gute Waldnutzung
FSC® C104521

1 Menschen, Pferde, Emotionen

Aller Anfang ist das Putzen. Jede Aktivität mit dem Pferd beginnt mit dem Säubern des Fells, Reinigen der Mähne und der Hufe. Es sind wichtige Tätigkeiten im Alltag und im Umgang mit dem Pferd. Beim Putzen sind wir dem Pferd nahe. Es ist ein guter Zeitpunkt, das Pferd auf sein Wohlbefinden und seine Gesundheit zu überprüfen. Es gibt so viel zu entdecken, so vieles herauszufinden und dazuzulernen.

Lerne deinen Partner Pferd besser zu fühlen.
Entwickle ein Gefühl, um den Körper des Pferdes zu lesen und einzuschätzen. Unsere Augen können niemals so viel wahrnehmen wie unsere Hände und Finger. Sie sind die besten Antennen. Wie auch wir selbst haben Pferde eine wechselnde Tagesform. Sie sind keine Maschinen und haben sowohl eine körperliche als auch eine mentale Verfassung, für die es ein Gespür und ein Gefühl zu entwickeln gilt.

Lerne deinen Partner, das Pferd, besser kennen.
Die Zeit mit dem Pferd ist bestens investiert und gibt so viel zurück. Das Pferd wird durch das Putzen auf die Arbeit (Reiten, Fahren, Longieren, Bodenarbeit) vorbereitet. Oder sollte zum Beispiel ein Tierarztbesuch anstehen, kannst du deutlich besser Auskunft über sein Befinden geben. Mit der Zeit, die du ins Putzen investierst, unterstützt du jede Behandlung, jede Regenerationsphase. Nicht nur auf körperlicher Ebene, sondern auch mental. Dein Pferd fühlt sich nicht allein gelassen – und was kann einen Heilungsprozess besser anregen, als sich umsorgt zu fühlen.

Fange an, dein Pferd zu managen.
Irgendwann spürst du, was deinem Pferd guttut und was nicht. Du lernst einzuschätzen, was okay ist und was nicht. Über die Zeit baust du Sicherheit und Vertrauen auf, dein Verantwortungsgefühl wird gestärkt. Diese drei Prinzipien kannst du spielerisch durch das Putzen erlernen.
Ganz einfach deshalb, weil sich Vermutungen und Spekulationen durch das Anfassen und Entwickeln deines eigenen Gefühls über Intuition ins Wissen und Können verwandeln.

In diesem Buch fasse ich gelebtes Wissen zusammen. Pferde waren und werden immer ein Teil meines Lebens sein. Mehr als 30 Jahre für und mit Pferden zu leben – was für ein Privileg!

Sich Zeit nehmen, hineinhören, achtsam sein. Das ist mein Ziel und sollte auch deines sein. Unsere Zeit ist sehr schnelllebig geworden. Mehr und mehr zeigt sich, wie wichtig es ist, im Alltag Kleinigkeiten erfassen zu können. Durch Fühlen „sehen" wir mehr, als wenn wir nur hinschauen. Pferde sprechen nicht mit Worten, sie sprechen in ihrer eigenen Sprache. Sie zeigen uns sehr deutlich, wenn sie sich unwohl fühlen.

Wenn wir das Pferd bewusst putzen, uns die Zeit dafür nehmen, werden wir sensibler im Umgang mit dem Pferd und mit der Zeit erspüren wir, wenn etwas nicht stimmt.

Ihr müsst nicht alles über unseren Partner Pferd wissen. Das tue ich auch nicht. Die Komplexität, und die Möglichkeiten, die wir heutzutage haben, waren noch nie so vielfältig. Das verunsichert. Das Putzen hilft mir persönlich, ruhiger zu werden, in mich hineinzufühlen und Antworten auf Fragen zu erhalten:

1. Was macht Sinn für mein Pferd?
2. Welche Maßnahmen im täglichen Management sind die Richtigen (auch in Bezug auf die Wahl tierärztlicher oder therapeutischer Maßnahmen)?
3. Was ist schlussendlich das individuell Richtige für mich und mein Pferd, was auch effektiv und alltagstauglich ist? (Es gilt aus einer Vielzahl von Möglichkeiten auszuwählen, auch im Hinblick auf Geld und Zeit.)

Putzen – nehmt euch dieses Zeitfenster von 20 bis 30 Minuten:

- Ihr fühlt euer Pferd.
- Ihr kommt zum Durchatmen.
- Ihr kommt zum Denken.
- Ihr gelangt zur Konzentration.
- **Ihr kommt ins Tun, und Antworten werden sich zeigen.**

Hilflos war gestern – putzen ist heute

Putzen kennen und können wir. Du musst nichts Neues lernen, sondern kannst dein vorhandenes Wissen erweitern. Und das Schönste dabei ist: Du brauchst keine Angst davor zu haben, etwas falsch zu machen. Aller Anfang ist leicht und du wirst mit wenig Wissen trotzdem viel bewirken.

Dieses Buch soll dir als Leitfaden dafür dienen:

- Wie du beim Putzen vorgehst.
- Was sich hinter dem Putzen verbirgt.
- Was du mit dem Putzen bewirkst.

Putzen ist Massage. Putzen ist Mobilisation. Putzen verbindet. Mit diesem Prinzip konnte ich Menschen und ihren Pferden helfen. Ich habe ihnen eine Putzstrategie mit auf den Weg gegeben, welche sie selbstständig durchführen.

Einen wichtigen Punkt, den ich in diesem Zusammenhang erwähnen möchte: Nehmt einander wahr, respektiert euch gegenseitig. In Ruhe, ohne Worte. Werdet zu einer Einheit – gerade beim Putzen kommen wir uns näher. Gegenseitiger Respekt und Achtsamkeit sind für mich eine wichtige Grundlage. Oft sind wir so besorgt, dass wir vergessen, auch unserem Partner unsere Grenzen zu zeigen. Wenn Pferde echtes Vertrauen zu uns entwickeln, zeigen sie uns ihre wahren Probleme. Dieses Miteinander birgt auf erstaunliche Weise Wege und Lösungen in sich, auf die wir mit rationalem, logischem Wissen nicht kommen würden. Diese Verbindungen sind von großem Wert.

Eine aufrichtige Verbindung.

Sicherlich spreche ich für alle, die diese Zeilen lesen:

Geht es meinem Pferd gut, geht es mir gut.

Diese Menschen und ihre Pferde berühren mich sehr

Theresa, die es sich zur Aufgabe gemacht hat, Verantwortung für eine Stute aus einem Schulbetrieb zu übernehmen. Sie gibt ihr die beste Unterstützung, die ihr möglich ist. Diese Stute hat schon viel geleistet in ihrem Leben. Zuerst als Sport- und Zuchtstute im Einsatz, hat sie später in einem Schulbetrieb treue Dienste geleistet und vielen angehenden Reitern einen Einstieg in die Pferdewelt ermöglicht. Als sie in ihre wohlverdiente Rente verabschiedet wurde, hat sich Theresa ihrer angenommen. Da sie noch ganz am Anfang stand, konnte sie noch nicht alles wissen. Nachdem sie mich um Rat gefragt hatte, haben wir gemeinsam einen Putzplan erstellt, den sie dann in die Tat umsetzte. Die Stute steckt noch voller Lebensenergie. Auch mit wenig Wissen kann Theresa sie nun bestmöglich unterstützen und ihre Lebensenergie noch lange erhalten.

Theresa mit ihre Stute Lea. Die beiden wuchsen schnell zusammen. Theresas Freude, ihre Stute erfühlen und unterstützen zu können, ihre Entwicklung und auch die Dankbarkeit der Stute gegenüber Theresa berühren mich sehr.

Sandra, die nicht wusste, wie es mit ihrem zwanzigjährigen Araber weitergehen sollte, obwohl sie alles in ihrer Macht Stehende getan hatte. Sie war völlig verunsichert und wurde dann auch noch kritisiert, ja ausgelacht, was sie mit diesem alten, kranken Pferd noch wolle. Bei einem Kurzurlaub in den Bergen lernte ich Sandra kennen. Nach einigen Tagen traute sie sich, mich zu fragen, ob ich mir ihr Pferd anschauen würde. Ich sah die Verzweiflung in ihren Augen – und was für eine Frage: Beruf kommt von Berufung und natürlich habe ich mir ihr Pferd angesehen. Zwanzig Jahre sollte er sein, sah aber aus wie ein Zwölfjähriger. Als ich ihn

Sandra mit ihrem Araber Casai

Casai, ein echter Freund

untersuchte, fühlte er sich sogar noch viel besser und jünger an. Gesund und vital. Keine Spur von Arthrose; aalglatte, trockene Beine, unglaublich muskulös und ein lebendiges Auge. Meine Untersuchungen ergaben eine Schwäche am Hinterbein. Durch eine Verletzung und langwierige Lahmheit war sein Gefühl dafür einfach noch nicht wiederhergestellt. Sprich 90 Prozent waren umfänglich wieder da. Durch diesen ungleichen Bewegungsablauf wurde er als alt und krank abgestempelt. Er hatte wohl eine massive Lahmheit, die sich über fünf Monate hingezogen hatte und deren Entstehung unbekannt war. Nach dieser Zeit war er zwar klinisch in Ordnung, doch die Lahmheit war immer noch zu sehen. Durch die Putzstrategie wie in diesem Buch konnten wir die fehlenden 10 Prozent aufwecken und er strotzte nur so vor Kraft.

Janika, die sich ihren Traum von einem jungen Nachwuchspferd erfüllt hat, um es selbst auszubilden. Das Pferd hat ihr nach kurzer Zeit ein seltsames Gefühl gegeben und sie konnte nicht einschätzen, was los war. Den Empfehlungen, ihn zu fordern, ging sie nicht nach. Oft wurde sie belächelt. Sie sei zu weich und würde sich nicht trauen. Ihr Gefühl gab ihr Recht! Ich kannte Instabilität

Janika reitet jetzt mit Freude ihr 5-jähriges Pferd und fühlt sich sicher mit ihm.

junger Pferde während des Wachstums von meinen Besuchen in Estland. Der Wallach war ein typisches modernes Sportpferd, mit viel Talent und Vermögen. Für diese Pferde ist es wichtig, ihnen Zeit für ihre Entwicklung zu geben. Auch mit Janika stellte ich eine Putzstrategie auf. Damit fördert sie nun sein Körperempfinden und kann einschätzen, wie es ihm geht. Aufgrund seiner noch jungen Jahre wird sich dieses Pferd festigen. Die Besitzerin weiß durch das Putzen und Fühlen auch, ob er wächst und eventuell Wachstumsschmerzen oder auch Koordinationsstörungen hat und kann ihr tägliches Programm auf ihn abstimmen.

Ines liebt Isländer. Als Besitzerin einer Islandstute, die in einem „Warmblut"-Pensionsstall untergestellt ist, ist Ines eher eine Außenseiterin. Sie steckt in der Zwickmühle und als Außenseiterin ist dies vor allem mental mit Schwierigkeiten verbunden. Ein Stallumzug wäre das Einfachste, doch sie ist weit und breit mit ihrer Liebe zu Isländern allein. Sie kann sich wenig austauschen, wird dadurch immer wieder unsicher und hat Angst, das Falsche zu tun. Was ist denn eigentlich das Richtige? Was ist zu viel, zu wenig, gut oder schlecht? Das

Putzen ist für sie mental sehr hilfreich. Sie kommt dabei zum Durchatmen, verschafft sich Zeit, kann die Unsicherheit abstreifen und bleibt unabhängig von ihren Stallkollegen. Sie kommt zur Ruhe und das hilft natürlich ihrer sensiblen Islandstute. Sie ist immer wieder aufs Neue fasziniert, wie einfach diese Strategie für sie funktioniert.

Ines mit ihrer Islandstute Perla. Sie ist immer wieder aufs Neue fasziniert, wie einfach diese Strategie für sie funktioniert.

Pferde, die mich persönlich berühren

Die jetzt folgenden Pferde, welche in meiner Obhut sind, gaben mir große Rätsel auf, da sie mit ihren Problemen in keine medizinische oder typisch verhaltensauffällige Kategorie passten. Ich wollte wissen, warum sie sind, wie sie sind. Mit viel Zeit und Geduld zeigten sie mir ihre wahren körperlichen Defizite, von bewegungsmechanischem als auch Stoffwechsel- und metabolischen Ursprungs. Als ich im Laufe der Zeit ihre körperlichen Defizite unter Kontrolle hatte, wurde mir nach und nach klar, warum sie charakterlich auffällig waren und warum sie falsch interpretiert wurden. Ihre offenen und freundlichen Persönlichkeiten traten Stück für Stück hervor. So durfte ich zum einen lernen und verstehen, wie alles zusammenhängt und zum anderen, wie ich sie manage. Durch sie durfte ich auch lernen, das Gefühl von Hilflosigkeit und Unsicherheit in ein Gefühl von Sicherheit, in das, was ich tue, zu verwandeln.

Roxi, geboren 2001, eine stattliche, standhafte Holsteiner Seele. Sie ist eine Besonderheit durch und durch. Nicht nur, dass sie aufgrund ihrer Erscheinung, ihrer stabilen Statur und Größe von 1,78 Meter Stockmaß öfters mit einem Hengst verwechselt wurde, auch ihre Fellfarbe als Fuchs ist eine Besonderheit bei den Holsteinern und sehr selten vertreten. Holsteiner sind normalerweise als Schimmel oder Braune anzutreffen. Überlieferungen sagen, Holsteiner Füchse sind Glückspferde. Zudem hat sie noch dunkle Pigmente an der Hinterhand, die einem Smiley ähneln. Sie ist mein Glück, durch sie kam ich nach 15 Jahren endlich wieder zum Reiten. Der Spruch: „Das Glück der Erde liegt auf dem Rücken der Pferde“ wurde so für mich vom Traum zur Wirklichkeit. Natürlich hatten auch wir unsere Anfangsschwierigkeiten. So groß wie sie ist, so sensibel und introvertiert war sie. Sie war allem gegenüber sehr skeptisch und zugleich unsicher. Allem, auch mir gegenüber. Das Führen war anfangs auch für mich eine echte Herausforderung. Sie wollte und musste für sich den Überblick behalten. So trug sie den Kopf hoch wie eine Giraffe und verspannte sich. Ihre Muskeln waren dabei hart wie Beton, um allzeit bereit für die Flucht zu sein. Tja, da passierte es dann leicht, mich zu übersehen und mich einfach über den Haufen zu rennen. Vertrauen schaffen und Rangordnung klären, standen für mich deshalb als Priorität an oberster Stelle.

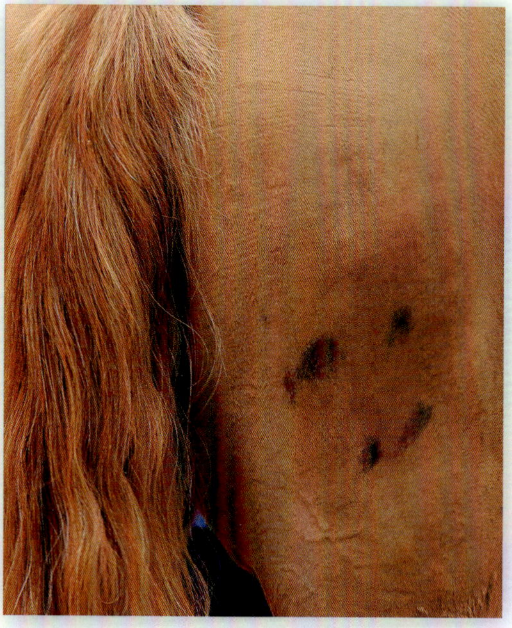

Roxi's Smiley

Das Putzen war und ist für mich der erste Schritt, um Nähe zu schaffen und Vertrauen aufzubauen. Roxi verband mich dadurch sehr schnell mit etwas Angenehmen und begann von sich aus, mehr beim anschließenden Führtraining auf mich zu achten. Heute haben wir solch eine Vertrauensbasis, dass sie alles hinnimmt. Sie zeigte mir, wie wichtig diese Nähe durch das Putzen ist.

Erstaunlicherweise gab und gibt es mir beim Reiten ein wirklich gutes und sicheres Gefühl, so hoch zu sitzen. Vor 15 Jahren waren es noch eine Haflingerstute von 1,43 Meter und ein Halbblutwallach von 1,65 Meter. Roxi ist einfach eine Erscheinung. Niemand rechnet damit, dass sie so groß ist und so macht es mir richtig Spaß, gelassen mit ihr um die Ecke zu kommen und die erstaunten Gesichter der Menschen zu sehen. Mein Kommentar ist dann immer humorvoll: „Jetzt komme ich mit meinem Pony“ und alle grinsen und antworten: „Ja, klar.“

Gerade Stuten haben oft ihren eigenen Kopf und so ist es nicht verwunderlich, dass sie oftmals ihren Kopf durchsetzen wollen. Bei Roxi habe ich die schöne Erfahrung gemacht, dass sie mir über das Putzen und das Schaffen von Nähe auch meine reiterlichen Schwächen verziehen hat. So konnte ich auch Spannungen direkt wieder lösen. Sie blieb entspannt und gelassen und ich konnte in meinen reiterlichen Fähigkeiten wachsen. Wir haben inzwischen so einiges durchgestanden, mit Pausen und einmal hätte ich sie fast verloren, da sie einen Hornspalt zwischen dem Strahl und der Sohle hatte und es nicht sicher war, ob dieser zuwächst. Doch durch das Putzen gab ich ihr Nähe, Vertrauen und Sicherheit und sie blieb mir gegenüber offen und gelassen, soweit es die Schmerzen zuließen. Körperlich sah sie trotz allem muskulös und fit aus, auch ihr Stoffwechsel und ihre Verdauung blieben normal. Unglaublich, was mit Putzen alles möglich ist. So wurde mir mehr und mehr klar: Putzen ist für Roxi Balsam für ihren Körper und ihre Seele. So groß und stabil sie wirkt, so schnell könnte auch sie zu einem „Wrack“ genau deswegen werden. Das Putzen und das Aktivieren der Rumpfmuskulatur nimmt den Druck von ihren Beinen. Sie ist und bleibt so eine wundervolle Erscheinung.

Mit Roxi durfte ich in die Lektionen der hohen Dressur eintauchen. (Anmerkung: Vor 13 Jahren waren wir leider noch nicht auf den Reithelm bedacht.)

Roxi jetzt mit 22 Jahren

Georg

Georg, er kann alles in der Dressur und wäre ein ideales Lehrpferd. Körperlich bestens aufgestellt und völlig unauffällig, klinisch tipptopp. Er wurde aber als sehr nervös, anstrengend und unzugänglich beschrieben. Ganz zu schweigen von seiner Unart des Webens. Er konnte drei bis vier Stunden am Stück durchweben. Sein Rücken war starr wie ein Brett, nichts hat sich bewegt. Er war sehr geräuschempfindlich und ist beim Reiten regelmäßig nach zehn Minuten explodiert. Extrem rund und bauchig, eine richtig nette Knutschkugel. Als wieder Bewegung in die Wirbelsäule kam, haben sich alle Symptome auf ein Minimum reduziert. Mittlerweile sind sie gar nicht mehr existent. Kein Weben, kein Bocken. Nervös? Schon gar nicht. Dieses Pferd ist die Ruhe selbst! Der feste Rücken hatte ihm wohl stark zugesetzt

Gemütszustand gegenüber Menschen zu Beginn

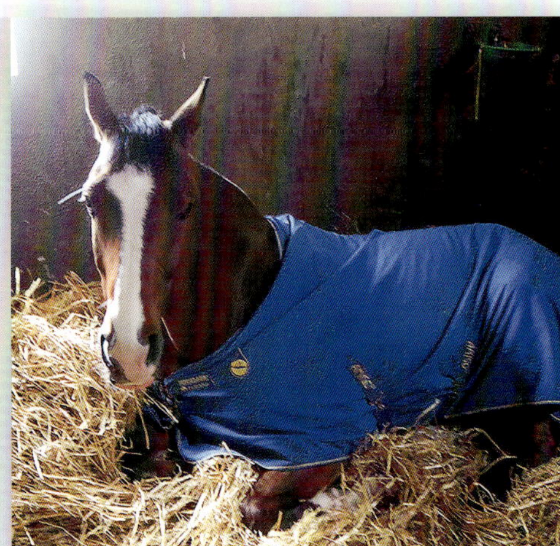

Gemütszustand gegenüber Menschen jetzt

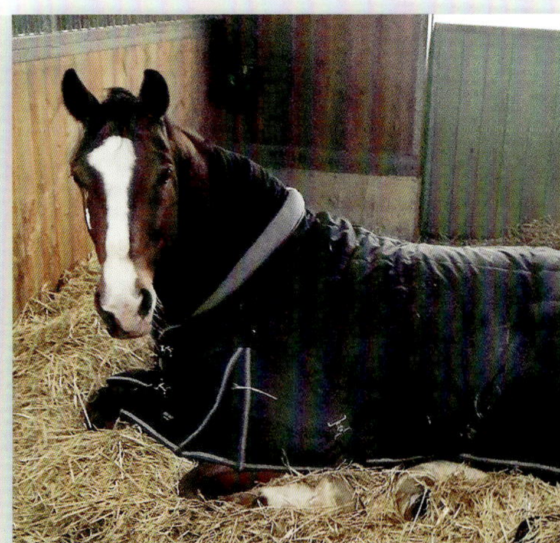

und leider wurde er komplett falsch interpretiert. Heute ist er zufrieden mit sich selbst und seiner Umwelt. Er sucht förmlich nach Ansprache und ist allem gegenüber sehr aufgeschlossen. Im zweiten Winter fiel mir auf, dass Kälte doch einen großen Unterschied macht. Er bockte wieder beim Reiten. Aber warum? Ich wusste es nicht. Zu sehen war nur, dass sein Bauch dicker war als sonst. Er fraß und äpfelte aber normal. Beim Berühren zeigte sich ein anderes Bild. Meiner Hand vermittelte er einen gegenteiligen Eindruck. Sein Bauch fühlt sich hart und unbeweglich an, so als hätte er Steine im Bauch. Erstaunlich, welche Gefühle man über die Hände wahrnehmen kann, die mit den Augen nicht zu greifen sind. Das Putzen empfindet er als eine wahre Wohltat. Er genießt es sehr, senkt den Kopf, pupst und mit der Zeit wird sein Bauch weicher und er wird in seinem gesamten Rumpf beweglicher. Vermutlich setzt ihm die Kälte zu und seine Verdauung stagniert dabei. Für ihn ist entscheidend, dass seine Verdauung aktiv bleibt. Dann schlägt ihm sein Bauch auch nicht aufs Gemüt. In der Hinsicht sind Pferde auch nur Menschen. Das heißt: Bauch gut, alles gut.

Hengtschi, mein Herzenspferd. Eine wahre Schönheit. Ein Holsteinerhengst auf wackeligen Beinen. Beine, wie die einer Marionette. Ein modernes Sportpferd. Er war ein großer Hoffnungsträger, wie man ihn sich für die Dressur wünscht. Leider konnte er die Hoffnungen damals nicht erfüllen, da er immer wieder mit gereizten Sehnen pausieren musste. Auffällig waren seine langen Beine mit der ausgesprochen langen Fesselung. Beim Putzen fiel mir auf, wie wenig Körperspannung er hatte. Beim Hufeauskratzen war es noch extremer. Immer wenn ich ein Bein hochnahm, gab er mir das Gefühl, keine Verbindung mit seinen Beinen zu haben. Beim Beugen spürte ich keinen Widerstand. Wie ein Strick, den ich verknoten kann. Alle anderen Pferde haben einen Widerstand, wie in einem Gummiband, das ab einer gewissen Zuglänge auf Spannung kommt. Er hatte das nicht. Er stolperte oft.

Auf gebogenen Linien hatte er Mühe, sich auszubalancieren. Untersuchungen auf Ataxie verliefen negativ.

Schnell stellte sich heraus, dass das Putzen ihm hilft, Körperspannung und Körpergefühl aufzubauen. Kombiniert mit einfachen Beweglichkeitsübungen für seinen Brustkorb waren und sind dies Lösungen, mit denen er jetzt inzwischen 23 Jahre alt geworden ist. Seine Beine sind nicht mehr überlastet und gereizt und gemeinsam haben wir sportliche Leistungen bis zur Klasse S erreicht. Er hat sich immer gerne präsentiert. Ich wusste sehr schnell, wie ich ihn managen kann. Doch ich wollte auch wissen, was diese Schwäche verursacht und ich bin drangeblieben.

Inzwischen waren sechs bis sieben Jahre vergangen und ein Fohlen, eigentlich dem Tode geweiht und jetzt putzmunter, gab mir die langersehnte Antwort: neurologische Dysfunktionen. Dieses Fohlen hatte eine verkantete, blockierte Rippe direkt auf einem Nerv-Komplex mit Namen *Plexus brachialis*. Als

Hengtschi gibt mir mehr, als ich je zu träumen gewagt hätte. Er ist fit und aktiv und ich freue mich, ihn seit nunmehr vielen Jahre so zu sehen.

Jetzt mit 23 Jahren

sich diese Blockade löste, konnte dieses Fohlen nach Monaten mit Schmerzen endlich wieder durchatmen und aus dem kantigen Rücken wurde plötzlich eine weiche Oberlinie, wie sie einem Fohlen in diesem Alter entspricht.

Ich sah ähnliche Symptome bei Hengtschi. Diese Koordinationsstörungen, die klinisch nicht zu finden sind und noch keine Klassifizierung haben, habe ich daher als neurologische Dysfunktionen deklariert – eine abweichende oder wenig vorhandene Funktion in den Nerven.

Lille, ein „elektrischer" Halbblüter. Er ist ausgestattet mit viel „Go" und Leistungsbereitschaft, einem soliden Körper und kurzer stabiler Fesselung. Ein allzeit leistungsbereiter Sportler. Er war tierärztlich abgesegnet, sogar mit einem spitzenmäßigen „TÜV". Sowohl beim Reiten als auch beim Putzen fiel mir auf, dass er überhaupt nicht durchatmete. Ja, er hielt zeitweilig sogar die Luft an und zuckte bei der ersten Berührung am Hals immer zusammen, obwohl er auf mich konzentriert war. Rückfragen ergaben, dass er ab und zu stur sein konnte. Allerdings passte dies so gar nicht zu seinem Charakter. Er ist freundlich und will gefallen. Doch unter dem Sattel stieg er ohne jegliche Vorwarnung, als würde er einen elektrischen Schlag bekommen. Bei Reitböden, die wenig Halt geben, wurde er unsicher und nervös – trotz seiner soliden Beine. Eines Tages machte ich eine erstaunliche Beobachtung. Es war sehr kalt und windig geworden. Wir haben schöne große Boxenfenster, welche die Pferde sehr genießen. Ich begrüßte ihn mit einem Leckerchen. Als er es aus meiner Hand nahm, zitterte und krampfte seine Unterlippe. „Wow", dachte ich. „Was ist denn das?" Sein Hals fühlte sich empfindlicher an. Ich zog ihm ein Halsteil an, um ihn vor dem Wind zu schützen. Das verschaffte ihm Linderung und nach einigen Tagen war er wieder ganz normal. Dieser Vorfall half mir, sein Problem mit dem Steigen zu verstehen. Endlich ergab es einen Sinn. Anschließend habe ich wieder meine Anatomiebücher gewälzt und meine anderen Patientenpferde mit ähnlichen Symptomen genauer unter die Lupe genommen, indem ich bei ihren Besitzern konkretere Auskünfte eingeholt habe. So konnte ich sicher sein, dass Lille mir den richtigen Weg gewiesen hatte und ich auf der richtigen Fährte war. Neuronale Kompressionen im unteren Halsbereich – Verengungen zwischen den Gelenken, die Druck auf die Nerven verursachen. Er reagierte eigentlich immer nur mit Steigen, wenn der Hals in einer bestimmten Position war. Die Trittunsicherheiten wurden hervorgerufen durch die unklaren Nervenimpulse, die ebenfalls durch die Verengungen verursacht werden. „Learning by doing" und jetzt weiß ich, wie ich solche Pferde managen kann. Indem ich mir über das Putzen Zeit genommen habe, zeigten sich die Auffälligkeiten, die Antworten und Lösungen. Ich wusste, er benötigt Hilfe für seine Halsgelenke, indem ich die Entzündungen gedrosselt bekam, über Futterzusätze und vor allem durch das strategische Putzen.

Putzen ist für Lille Entspannung pur, er schnaubt ab und reckt und streckt sich immer

Lille und Georg gemeinsam auf dem Paddock.

Gewonnen! Lille und ich in der „M“-Dressur in Italien 2019

genüsslich dabei. So öffnen sich automatisch die Gelenkzwischenräume und er wird den Druck los, der ansonsten dort durch die Verengungen auf die dort austretenden Nervenenden entstehen. Endlich kann er seine volle Leistungsbereitschaft zeigen und wir haben beide Spaß an der Arbeit.

Dies sind nur einige Erfahrungsberichte. Ich bin mir sicher, auch ihr habt viel zu erzählen.

2 Das „Mülleimerprinzip"

Im Alltag neigen wir oft dazu, uns nur noch mit den Problemen selbst zu beschäftigen, verlieren den Überblick und sind dann oftmals gefangen in einem Strudel von Emotionen und Frust. Wir sollten prinzipiell lernen, am Anfang immer über eine Bestandaufnahme den IST-Zustand zu ermitteln. Sich dadurch einen Überblick zu verschaffen ist hilfreich, wieder klarer denken zu können. Das „Mülleimerprinzip" und die Fragen regen zur Reflektion deiner Situation an. Wir sollten uns öfters damit auseinandersetzten, die Punkte Herausforderungen, Wünsche und Ziele vor Augen zu führen, um sie im Anschluss konkret anzugehen. Mach dir einmal bewusst, wie lange du dein Pferd schon kennst und welche Krankheiten und Schwierigkeiten du bereits gemeistert hast. Das gibt Kraft, die aktuellen Herausforderungen besser anzugehen. Große Probleme verlieren ihre Macht und damit wird alles leichter.

2.1 Bestandsaufnahme

Für eine Bestandsaufnahme zur gesundheitlichen Situation deines Pferdes solltest du folgende Fragen und Fakten aufschreiben:

Name deines Pferdes:

Alter: Geschlecht: Rasse:

In welcher Disziplin bist du unterwegs?

Welche aktuellen Probleme und Herausforderungen hast du zurzeit?

Was möchtest du verbessern?

Vorgeschichte deines Pferdes

Seit wann hast du dein Pferd?

Welche Krankheiten hatte dein Pferd?

Welche Behandlungen wurden durchgeführt?

Welche Schwierigkeiten hattet ihr in der Vergangenheit?

Was bestimmt deinen Alltag?

Kreuze an, was dir und deinem Pferd Schwierigkeiten bereitet:

- [ ] Gurtzwang
- [ ] dicker Bauch
- [ ] Koliken
- [ ] ist schief
- [ ] Rückenprobleme
- [ ] Sehnenverletzung
- [ ] Kissing Spines (Kissing Spine Syndrome)
- [ ] Ataxie
- [ ] Koordination
- [ ] ISG-Probleme
- [ ] Trageschwäche/Trageerschöpfung
- [ ] Topline-Syndrome
- [ ] Halsarthrose
- [ ] ECVM
- [ ] Fehlstellungen/krumme Füße
- [ ] Andere gesundheitliche Probleme. Welche?

Mit einem Gurtzwang, einem dicken Bauch, Koliken oder Rücken sind sicherlich die meisten vertraut. Die weiteren Begriffe erkläre ich hier in Kurzform:

ISG-Probleme: Das ISG ist das Iliosakralgelenk beziehungsweise das Kreuzdarmbeingelenk. Dieses große Gelenk und Teil des Beckens wird oftmals ungleich fest und schief zu einer Seite.

Koordinationsprobleme: Diese zeigen sich meistens im Wachstum bei jungen Pferden. Pferde, die überbeweglich sind, können zwischendurch Koordinationsschwierigkeiten haben. Diese Störungen sind nur von kurzer Dauer, welche sich ab und an mit einem leichten Stolperer im Schritt oder in kurzen Phasen beim Durchreiten der Ecke zeigen.

Wobbler-Syndrom: auf Deutsch „Wackeln". Während Koordinationsprobleme im Wachstum meistens wieder verschwinden, haben Pferde mit einem Wobbler-Syndrom dauerhaft ein instabileres Körpergefühl. Die Koordinationsprobleme sind deutlicher im Gangbild vor allem im Schritt zu sehen. Im Trab fühlen sich diese Pferde wacklig an. Die Spannbreite der Pferde mit Wobbler-Syndrom reicht in der milden Form von propriorezeptiven Störungen (Rezeptoren der Tiefensensiblität und verantwortlich für das Gleichgewicht) bis hin zu einer leichten Form der spinalen Ataxie (= Verengung im Wirbelkanal). Je nach Körperkonstruktion, Empfindlichkeit und muskulärem Trainingszustand sind diese Pferde weniger oder mehr auffällig. So sind diese Pferde mal in sich stabiler und mal wackeliger auf ihren Beinen.

Cushing: ist eine komplexe Hormonerkrankung, die sich in den ersten Phasen mit vermehrtem Fellwuchs zeigt, auch im Sommer. Später kann die Erkrankung zu Gleichgewichtsstörungen führen. Diese Hormonstörungen haben ihren Ursprung in der Hypophyse, der Hirnanhangdrüse, und können über Tests vom Tierarzt festgestellt und kontrolliert werden.

Ataxie: Bei Ataxien handelt es sich um starke Kompressionen im Hals- oder Rückenmark und es kommt in bestimmten Bewegungssituationen zu Quetschungen. Diese Pferde sind klinisch auffällig. Symptome sind starkes Stolpern bis zum Hinfallen und starke Schwäche in der Hinterhand. Halswirbelsäulen-

Ataxien sind deshalb als sehr gefährlich einzustufen, da die Pferde in schnellen Drehbewegungen mit dem bereits verengten Wirbelkanal das Halsmark quetschen, das Gefühl für die Beine verlieren und hinfallen.

Shivering: das „Zittern" der Gliedmaßen beim Anheben im Stand oder beim Drehen um die eigene Achse. Meistens zeigt sich das Shivering an den Hinterbeinen, manchmal auch an den Vorderbeinen. Im Schritt, Trab und Galopp ist nichts zu sehen, die Pferde sind in der Regel nur etwas steifer im Körper und sie sind vorsichtiger mit ihrem Umfeld und sensibler im Charakter.

EMS: Equines Metabolisches Syndrom, welches, wie der Name schon sagt, eine Stoffwechselstörung ist. Sichtbare Kennzeichen sind ein Speckkamm an der Mähne und Ablagerungen und Beulen am Kreuzbein kurz vor dem Schweifansatz.

PSSM 2 beziehungsweise MIM: Polysaccharid-Speicher-Myopathie mit Typ 2 (PSSM 2), umbenannt in Muskel-Integritäts-Myopathie (Abk. MIM). Dies ist eine Stoffwechselerkrankung der Muskulatur und zeigt sich in den verschiedensten Formen. Von Dellen in der Muskulatur zu Muskelverspannungen, Muskelabbau trotz Training bis zu Kraftlosigkeit und Apathie ist alles möglich.

PSSM 1 und PSSM 2/MIM: Unter dem Oberbegriff PSSM werden genetisch bedingte Muskelerkrankungen zusammengefasst. Die Abkürzung PSSM bedeutet Polysaccharid-Speicher-Myopathien. Polysaccharide sind Kohlenhydrate, zum Beispiel Zucker in Karotten oder Getreide, aber auch Pektine und Fruktane.

Bei PSSM 1 (Zucker-Speicher-Störung) muss sehr stark auf einen geringen Kohlenhydratanteil geachtet werden, da die fehlerhafte Einlagerung in der Muskulatur sonst zu erheblicher Muskelsteifheit führen kann.

PSSM 2/MIM bezeichnet verschiedene Formen genetisch bedingter Muskelstoffwechselstörungen. Es liegen funktionale und strukturelle Auswirkungen auf Muskelstrukturproteine vor – die kleinsten Baueinheiten der Muskulatur.
Bei PSSM 2/MIM handelt es sich um genetische Veranlagungen, die zu temporären Muskelstörungen oder schlimmstenfalls zu einem Krankheitsbild führen können, aber nicht müssen! Regelmäßiges Training und Bewegung, Haltung und

Fütterung spielen eine erhebliche Rolle bei der Gesunderhaltung veranlagter Pferde. Studienergebnisse zeigen, dass etwa ein Drittel der PSSM-2-Pferde Berührungsempfindlichkeiten zeigen (zum Beispiel beim Putzen) (vgl. Guthöhrlein 2023, S. 262). Hier kommt das richtige Putzen ins Spiel. Bei diesen Pferden liefert uns die Kontrolle bestimmter muskulärer Triggerpoints wichtige Hinweise auf Überbelastungen durch das Training (vgl. Guthöhrlein 2023, S. 49).

Kirsten Guthöhrlein:
Pferdemuskeln managen.
2. Auflage, Warendorf, FNverlag 2024.

Die Autorin Kirsten Guthöhrlein sagt:

„Durch das Putzen, wie es Karin Link lehrt, kann der Reiter die Muskulatur auf die Aufwärm- und Lösungsphase unter dem Reiter sehr gut vorbereiten. Gleichzeitig lässt diese Art des Putzens Rückschlüsse auf die Passung der aktuellen Trainingsintensität zu. Ob das Verhältnis von Belastung und Regenerationsphase stimmt, ist für Sport- und Freizeitpferde gleichermaßen wichtig für die Gesunderhaltung. Bei MIM-Pferden muss aufgrund der Veränderungen der Muskelstruktur besonders auf eine ausreichende Regeneration und einen guten Trainingszustand der Muskulatur geachtet werden. Eine Berührungsempfindlichkeit beim Putzen ist ein wichtiger Hinweis auf Schmerzen oder Muskelschäden. Wenn wir diese erkennen, können wir präventiv und gesunderhaltend mit dem Pferd arbeiten."

(Persönliche Kommunikation).

Kissing Spines: Bei Kissing Spines, den „küssenden Wirbeln", wachsen die Dornfortsätze der Wirbelsäule zusammen und bilden eine Einheit. Bei Kissing Spines verengen sich die Zwischenräume der Wirbel und so können die Dornfortsätze aneinanderreiben und Schmerzen verursachen.

Trageschwäche/Trageerschöpfung: Hierbei handelt es sich um die Schwäche und spätere Ermüdung/Erschöpfung des Rumpftrageapparates. Sichtbar ist diese daran, dass die Widerrist-Rückenlinie kantig wird, der Widerrist auf gleicher Höhe oder tiefer ist als die Kruppe, das Brustbein nach vorn unten geschoben wird und teilweise wie der Bug eines Bootes bei der Trageerschöpfung nach vorn heraussteht.

Topline-Syndrome: Dieses Oberlinien-Syndrom betrifft die ganze Oberlinie vom Genick bis zum Schweif. Es zeigt sich in einer schlechten Körperhaltung. Hauptsächlich ist, wie bei der Trageschwäche, der Rumpftrageapparat betroffen.

Halsarthrosen: Abnutzung der knöchernen Strukturen des Halses führen zu Schmerzen in den Halswirbeln. Die Wirbel selbst sind betroffen und oft werden die Nerven, welche in den Seitenkanälen austreten, stark gereizt.

ECVM: Equine Complex Vertebral Malformationen sind genetische Fehlbildungen im unteren Halsbereich. In den meisten Fällen sind die seitlichen Knochenvorsprünge der 6. und 7. Halswirbel betroffen und teilweise auch der 1. Brustwirbel. Diese sind nicht komplett ausgebildet oder fehlen ganz. Diese seitlichen Knochenvorsprünge sind wichtige Muskelansätze. Fehlen diese, zeigen Pferde Stabilitäts- und Gleichgewichtsprobleme.

.2 Alltagsstress und Alltagssorgen als Schmerzauslöser

Oftmals sind wir so intensiv mit unseren Alltagsorgen beschäftigt, dass wir gar nicht wahrnehmen, wie schon eine Sorge den Gesamtzustand des Pferdes beeinträchtigt. Schmerzen sehen wir immer nur als ein lokales Problem an, seien es nun Schmerzen im Bein während einer Lahmheit oder Schmerzen im Bauch, wenn das Pferd eine Kolik hat. Wir sind darauf bedacht, unseren Schützling so schnell wie möglich schmerzfrei zu bekommen und vertrauen auf die Spritze, die alles heile macht oder das Pülverchen, das alles wegzaubert. Das ist nur die „halbe Miete" und wir übersehen, wie Pferde an

Das Pferd zeigt deutlich, dass es Schmerzen hat: Ohren schräg zurück, Augen halb offen und Blick nach innen, Spannungen hinter den Augen im Kiefergelenk, Maul bzw. Lippen zusammengedrückt

„Chronisches“ Schmerzgesicht: Matt, leer, Ohren sind nach hinten oben gedreht; tiefe, leere Augen; Nüstern gekräuselt, Unterlippe zusammengezogen. Achtung: Dieser Gesichtsausdruck wird fälschlicherweise oft als Dösen interpretiert.

Pferd mit Sattelproblem, erkennbar am Trapezmuskel hinter der Schulter, welches zu akuten Magenproblemen geführt hat und sich in sichtbaren Verspannungen im Hals und Schulterbereich zeigt, wobei es die Vorderbeine rückständig unter den Körper schiebt und einen unruhigen Schweif hat.

anderen Stellen kompensieren und sich dadurch eine Negativspirale aufbaut. Der Organismus arbeitet immer im Ganzen. Das bedeutet: übergreifend auf andere Strukturen! So entstehen bei Lahmheiten Überlastungs- und Verspannungsschmerzen in den anderen Beinen. Bei Verspannungen werden zusätzlich Entzündungen produziert, welche von den Organen, wie Milz, Leber, Niere und Co. verarbeitet und abgebaut werden müssen. Bei diesen Entzündungen spricht man auch von stillen Entzündungen. Schmerzen und Boxenruhe stressen! Wie sich jeder vorstellen kann, hat das natürlich auch Auswirkungen auf den Gemütszustand. Hier sind wir bei einem Punkt, den jeder nachvollziehen kann: Mentaler Stress schlägt auf den Magen! Voilà und so schließt sich der Kreis eines Gesamtsystems: **ALLES beeinflusst ALLES!**

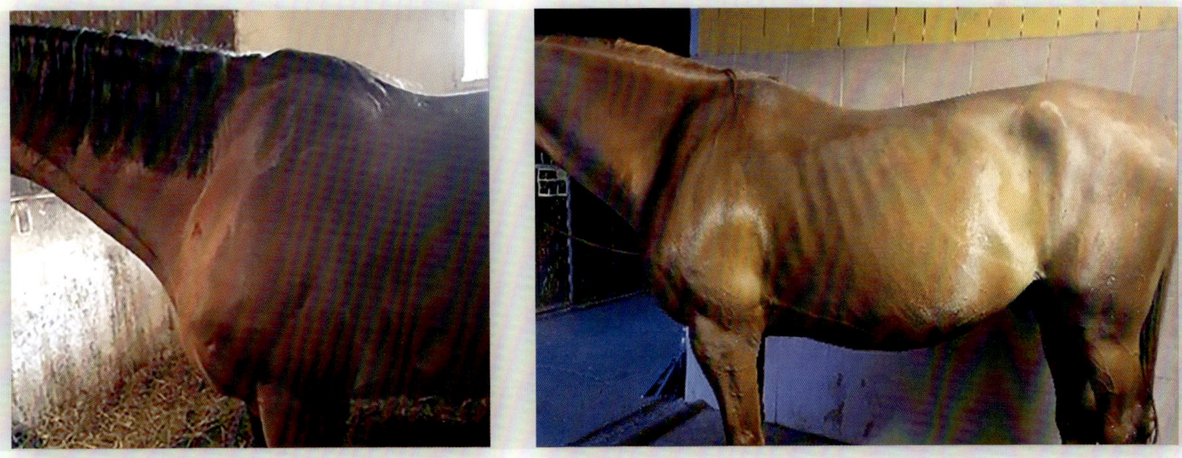

In diesem Schmerzverhalten wirken Pferde oft teilnahmslos und in sich gekehrt. Körperliche Konsequenzen sind: Unterhals oft dominant und oberer Halsbereich dünner und gerade, Widerrist steht deutlicher hervor, Übergang Widerrist-Rücken abgesunken, Schultermuskulatur ungleich entwickelt und angespannt, Rippen teilweise deutlicher zu sehen, Rückenmuskeln werden weniger, Kruppenmuskulatur eingefallen, Schweif hängt und wird nicht getragen.

2.2.1 Wie funktioniert das Schmerzsystem?

Um es auf wirklich simple Weise zu erklären: Jeder ist bestimmt schon auf die Knie gefallen, was weh getan hat, hat sich dann das Knie gerieben oder festgehalten und nach kurzer Zeit ging es wieder. Schmerzen werden per Impulse auf der Haut über Nervenleitbahnen an die Wirbelsäule und das Gehirn

geleitet. Von dort aus werden Impulse wieder zurückgeschickt, die uns, ohne groß nachzudenken, zu Reaktionen veranlassen, und so reiben wir das Knie oder halten es fest.
Stößt ein Pferd sich beispielsweise den Kopf seitlich an einer Tür oder einem anderen Gegenstand führt der Schmerz als erste Reaktion zum mehr oder weniger heftigem Schütteln des Kopfes, und als zweite Reaktion reibt es sich die schmerzende Stelle beispielsweise an den Vorderbeinen oder am Heunetz.

2.2.2 Schmerz als schützendes Alarmsignal!

Wir sehen Schmerzen immer nur als etwas Unangenehmes beziehungsweise Negatives an. Dabei haben Schmerzen viele positive Seiten und sind elementar wichtig! Ohne sie würde keine Kreatur überleben. Ja, Schmerzen zu haben tut weh, und wer will das schon? Das Leben ist viel schöner ohne Schmerzen. Mit einigen Beispielen möchte ich aufzeigen, wie Schmerzen uns beschützen und sehr nützlich und hilfreich für das Leben sind:

- Wer kennt das nicht: Einmal auf die heiße Herdplatte gefasst, passiert das aufgrund der Schmerzerfahrung kein zweites Mal! So schützt uns der

Nach dem ersten Kontakt mit dem Zaun halten die Pferde Abstand.

Schmerz vor weiteren Verbrennungen, die für das Leben gefährlich wären, und wir lernen generell, mit Hitze vorsichtig umzugehen. Pferde, die eine Schmerzerfahrung mit dem Maul an einem Elektrozaun hatten, werden in der Regel kein zweites Mal die Nase an den Zaun halten. Es tut furchtbar weh und das Körpersystem weiß, zu viel Strom ist gefährlich. So schützt Schmerz und erhält das Leben.

- Verletzungen im Gewebe bedeuten Schwächung. Der Schmerz schützt uns vor Überlastung! Beispiel: eine frische, akute Sehnenverletzung. Würde das Pferd keinen Schmerz empfinden, nicht lahmen und weiter traben und galoppieren, würde die Sehne komplett durchreißen und das ist schlichtweg lebensbedrohlich. Durch den Schmerz belastet es das Bein nicht mehr, und die Sehne bleibt erhalten und kann heilen.

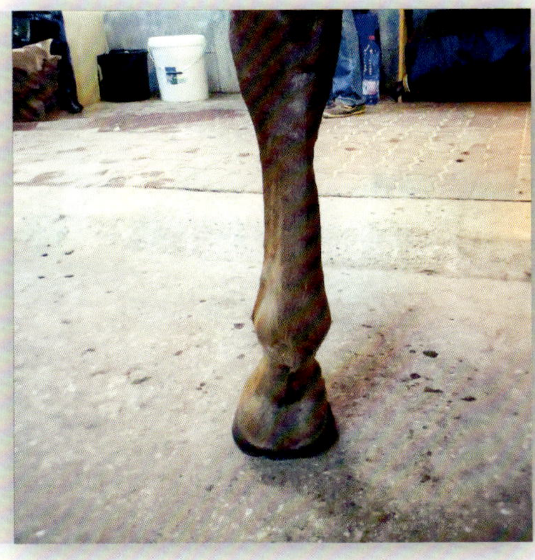

Akute Sehnenverletzung, der Bogen seitlich am Röhrbein ist deutlich zu sehen.

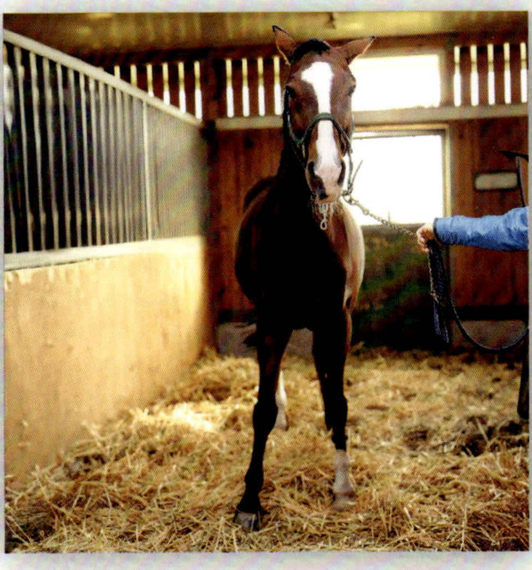

Pferd in Schonhaltung nach einer Verletzung. Das Pferd stellt sein rechtes Vorderbein nach vorn heraus und nimmt so Druck und Gewicht weg. Gesichtsausdruck: Ohren halb zurück, Augen halb zu, Nüstern hochgezogen.

- Ist der Körper im Heilungsprozess, zwingt er uns durch die Schmerzen zur Ruhe, um besser reparieren zu können! Der Körper versucht, so schnell wie möglich die „kaputten“ Stellen wieder zu heilen und mobilisiert die

Kräfte auf diese Baustelle. Hat der Körper noch andere Baustellen, wird er alle Baustellen angehen und verliert für diese wichtige Baustelle Zeit und Ressourcen. So sind Schwellungen, während die Sehne heilt, eine typische Begleiterscheinung, die zeigt, dass der Körper diese Baustelle zurzeit repariert.

- Dann gibt es noch ein sehr interessantes Phänomen bei Infekten, Erkältungen oder beispielsweise bei Grippe. Meistens entsteht dabei Fieber, was bedeutet, dass der Körper die Viren und Bakterien über die Hitze verbrennen möchte. Das Fieber und die Kraft, die unser Körper mobilisiert, um den Infekt oder die Grippe loszuwerden, sind immens, und dadurch zeigt sich Schwäche.
  Interessanterweise treten oft weitere Begleiterscheinungen wie Gliederschmerzen oder extreme Berührungsempfindlichkeit der Haut auf. Die Haut tut weh, obwohl sie mit einer Infektion eigentlich nichts zu tun hat. Doch was passiert? Durch diese Schmerzen wird jede Bewegung unangenehm, und sowohl Pferde als auch Menschen wollen sich in dieser Phase nicht viel bewegen. Die Schmerzen zwingen uns zur Ruhe und so kann sich der Körper auf die Krankheit konzentrieren und heilen.

2.2.3 Wie fühlt sich Schmerz an?

Ein Komitee der International Association for the Study of Pain (IASP) definierte im Jahr 1979:

„Schmerz ist … ein unangenehmes Sinnes- und Gefühlserlebnis, das mit einer tatsächlichen oder drohenden Gewebeschädigung verknüpft ist oder mit Begriffen einer solchen Schädigung beschrieben wird.
Mit dem Begriff „Sinneserlebnis“ sind die Qualität des Schmerzes, zum Beispiel brennend, stechend, bohrend oder reißend, und seine Stärke gemeint. Der Begriff „Gefühlserlebnis“ bezieht sich auf die emotionalen Anteile des Schmerzes, zum Beispiel quälend, mörderisch oder erschöpfend.“

(Gesundheit GV.AT; https://www.gesundheit.gv.at/krankheiten/gehirn-nerven/schmerz/was-ist-das.html)

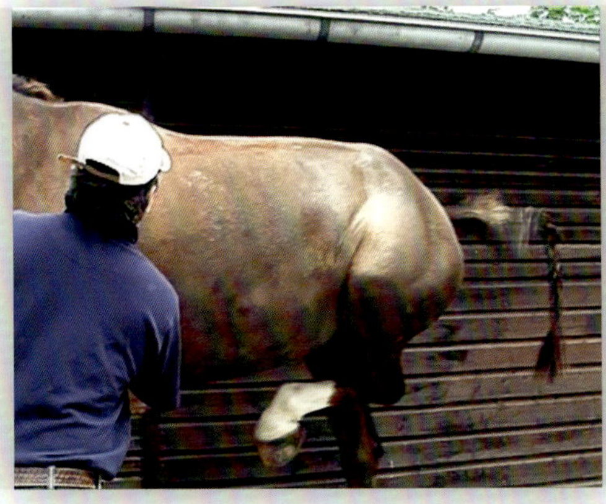

Das Pferd wehrt sich mit den Hinterbeinen nach vorn.

Das Pferd will den Schmerz regelrecht wegtreten.

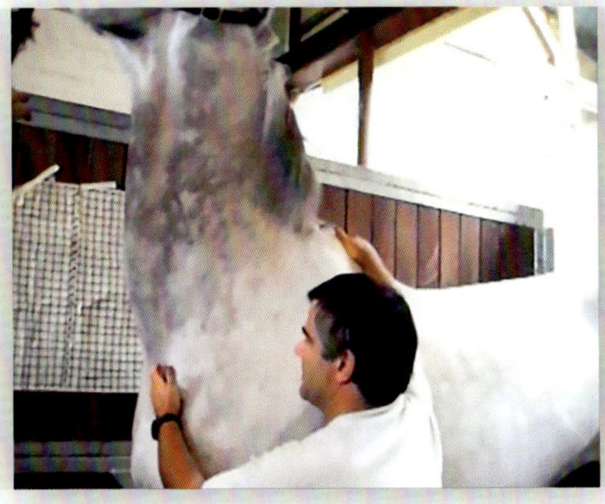

Das Pferd reißt den Kopf hoch, spannt mit dem Hals gegen die Berührung, um so dem Schmerz auszuweichen.

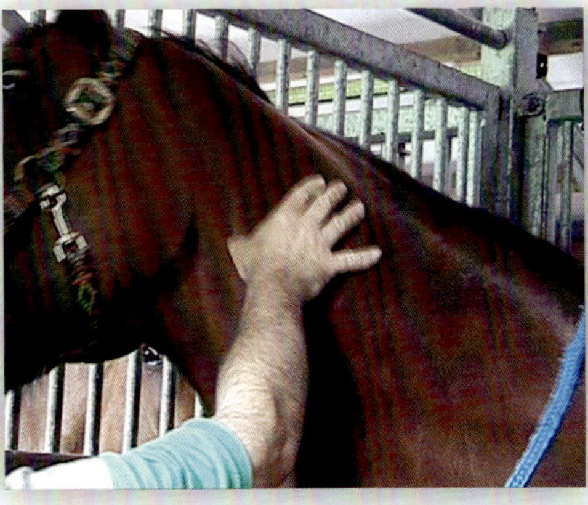

Der Schmerz am Hals ist für das Pferd unerträglich und es will dem ausweichen, indem es mit dem Kopf nach oben seitlich wegzieht und dabei die Augen verdreht (im Auge ist das Weiße zu sehen).

Schmerz als Sinneseindruck kann sich beim Pferd wie folgt äußern: nicht anfassen lassen wollen, Luft anhalten, schnappen und beißen, abwehren durch Austreten oder sie ignorieren den Schmerz. Eine Form des Ignorierens ist, dass das Pferd nicht vorwärts gehen, sondern auf der Stelle stehenbleiben will.

Hier kommen wir zu einem ganz wichtigen Aspekt! Wie oft erleben wir, dass sich die Pferde nicht mehr anfassen lassen wollen! Oft wird das als „mein

Pferd mag das nicht“ interpretiert! Das ist so auch vollkommen richtig, denn der Berührungsschmerz schützt das Pferd, genau genommen auch uns selbst, vor weiteren unangenehmen Schmerzen. Über den Prozess der Heilung ist dies völlig normal, richtig und wichtig. Leider bleibt oft das „Nicht-angefasst-werden-Wollen“, obwohl die Heilung abgeschlossen ist. Der Grund hierfür ist folgender: Die Schmerzen in den anderen Bereichen, mit denen das Pferd muskulär kompensiert hat oder mental der Magen überreizt worden ist, sind nach wie vor vorhanden.

Phänomene: „Nicht-angefasst-werden-Wollen” und Luftanhalten

Es geht noch weiter. Ist der Körper im Dauerstress und Entzündungsmodus bleiben die Schmerzen bestehen. Frage: Wie kommt es denn eigentlich zu Schmerzempfindungen und dem daraus resultierenden „Nicht-angefasst-werden-Wollen“?
Schmerzen werden über Impulse in den Nervenleitbahnen an das Rückenmark und das Gehirn geleitet. Von dort aus kommen dann beim Menschen die entsprechenden Befehle, die Hand zurückzuziehen, das Knie zu reiben oder zu humpeln. Bereits gemachte Schmerzerfahrungen, welche dann reflexartig, quasi wie ferngesteuert passieren, werden tatsächlich vom Rückenmark aus gesteuert. Oftmals muss es schnell gehen und der Weg über das Gehirn, das Denken, würde zu viel Zeit in Anspruch nehmen. So kommt es schließlich oft bei Pferden zustande, dass sie sich im Reflex wehren, beißen oder ausschlagen. Das abgespeicherte Erinnerungsvermögen bei Pferden ist noch größer als bei uns und so ist es für uns oft unverständlich, warum Pferde nach Verletzungen oder Krankheit so unzugänglich werden. Die Angst vor dem Schmerz aber bleibt und so bleibt auch das „Nicht-angefasst-werden-Wollen“ bestehen. Das heißt, die Pferde haben kein Vertrauen mehr darin, angefasst zu werden. Sie zeigen dies oftmals auch durch große Augen und halten die Luft bei Berührung an.

Diese zwei Komponenten sind immer Bestandteil, wenn ich als Therapeutin gerufen werde. Die Pferde haben Angst, wenn ich sie anfasse, schauen mich mit starren, großen Augen an und halten die Luft an. Schmerz und Luftanhalten zeigen sich für mich körperlich immer in den Rippen in der Gurtlage hinter dem Ellenbogen. Hier möchte ich einen wichtigen Hinweis geben.

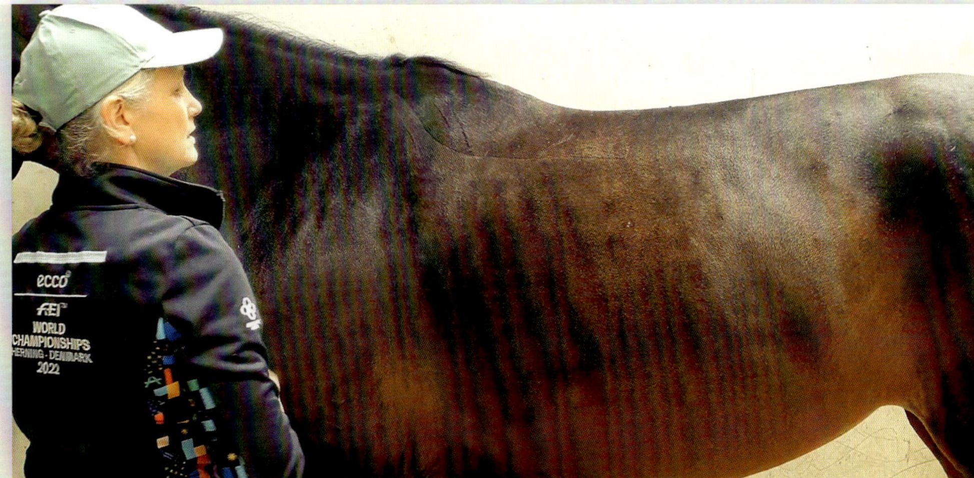

Das Pferd steht normal, mit weicher entspannter Oberlinie.

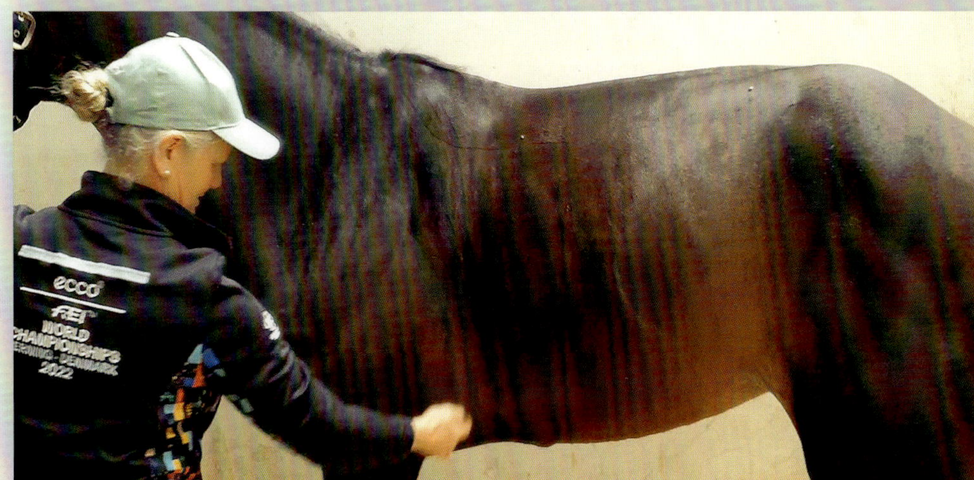

Durch das Anfassen zeigt das Pferd die immer noch vorhandenen Schmerzen, ähnlich wie beim Festmachen des Sattelgurtes. Folge: Festhalten und Krümmen im Burstkorb, Widerrist-Rückenlinie wird deutlich tiefer und kantiger, Kruppe kommt hoch

Dieser Bereich hat nichts damit zu tun, dass das Pferd kitzelig ist. Ein vermeintlicher Sattelzwang, der sich ebenfalls hier zeigt, ist genau genommen ein Luftanhalten, weil noch Schmerzen im Körper vorhanden sind.

Pferde, die dort reagieren, halten auch immer den vorderen Bereich des Brustkorbs fest oder drücken sich mit dem Brustbein nach unten. Das wird ersichtlich an der Widerrist-Rückenlinie. Diese wird tiefer und kantig und teilweise wirken die Pferde dann überbaut. Für mich sieht das immer so aus, als wäre hier ein Mülleimer eingebaut, der voll und schwer ist und nach unten zieht. So habe ich die Schablone des „Mülleimerprinzips“ entwickelt. Denn wie bereits erwähnt: ALLES beeinflusst ALLES; alle Probleme laufen hier zusammen. Es gilt herauszufinden, was die Hauptursache ist und welche Bereiche es im Körper des Pferdes beeinflusst? Und vor allem: Wie überlagern sich diese Probleme? Schließlich wollen wir dem Pferd im Gesamten helfen und es dauerhaft schmerzfrei bekommen.

2.3 Das „Mülleimerprinzip“

Die Frage ist: Was schwächt dein Pferd und bereitet dir Probleme?
Vorweg möchte ich herausstellen: Es ist ein leichtes, immer zuallererst auf dem Punkt Reiten „herumzureiten“ oder auf dem Pferd selbst „herumzureiten“. Die Frage, die sich jeder von uns stellen sollte, ist doch vielmehr: Was kann ich für mich tun, damit mein Pferd gesund wird und auch bleibt? Welche Faktoren schwächen mein Pferd? Wie kann ich meinem Pferd helfen, und was würde es stärken? Wie kann ich die Schmerzen lindern und die körperlichen Einschränkungen meines Pferdes jetzt verbessern? Welche Bereiche sollte ich genauer unter die Lupe nehmen, um anschließend dauerhaft zur Gesundheit zu gelangen?
Schau dir die Schablone des „Mülleimers“ auf Seite 40 an und überlege, was dir aktuell Schwierigkeiten macht und auch, was dir in der Vergangenheit Schwierigkeiten bereitet hat. Oftmals ist es so, dass sich aktuelle Schwierigkeiten aus der Vergangenheit ergeben.

2.3.1 Was schwächt dein Pferd? Was stärkt dein Pferd?

Was macht den Mülleimer voll und schwer und lässt dein Pferd aussehen, als würde es sich in zwei Teile teilen? In einen vorderen und einen hinteren Teil, weil die Mitte absackt und zu schwer wird? Was kannst du verändern, damit der Mülleimer wieder leerer und leichter wird?

Beispiel:
Geht ein Pferd schlechter linksherum als rechtsherum, kann das am Reiten oder auch am Pferd liegen. Die Frage ist doch: Will das Pferd wirklich nicht? Oder kann es nicht?
Vielleicht hat das Pferd Magenschmerzen, denn Magenschmerzen zeigen sich in Unwohlsein auf der linken Seite. Sie strahlen über den ganzen linken Rippenbogen aus. Dann sollte der Bereich Fütterung angekreuzt, überprüft und angepasst werden. Oftmals empfiehlt es sich, nach tierärztlich gestellter Diagnose mit einer Medikamentenkur zu beginnen und dann langfristig die Fütterung auf die Bedürfnisse des Pferdes einzustellen.
Es könnte aber auch sein, dass die Fütterung in Kombination mit dem Training das Pferd schwächen. Also: Beides genauer unter die Lupe nehmen! Vielleicht ist die Fütterung sogar in Ordnung, und die Ursachen für die Probleme, die das Pferd stressen, sind in den Bereichen körperliche und mentale Verfassung und im Training zu suchen.

Es kann jedoch auch sein, dass die vorherigen Bereiche inzwischen alle angepasst wurden, jedoch das Pferd immer noch Bauchweh hat. Beim Betrachten des Mülleimers könnte vielleicht auch die Umwelt ein Thema sein, beispielsweise, dass es dem Pferd einfach in seiner Umgebung zu unruhig ist oder der Nachbar nervt, dessen Gesellschaft das Pferd sich nicht entziehen kann, und zwar 24/7!

Mit dieser Schablone wird es für dich möglich, aufmerksam auch die Themen und Bereiche zu betrachten, die augenscheinlich irrelevant sind, jedoch eine wichtige Rolle spielen könnten. Diese Schablone hilft jedoch auch, nicht das Gefühl zu haben, dass alles schlecht ist, sondern die Themen einzugrenzen und die Probleme konkreter zu erkennen und anzugehen.

Über das Putzen wird dir dein Pferd „sagen", ob es sich wohler fühlt und deine eingeleiteten Maßnahmen erfolgreich sind. Wenn nicht, und das Pferd zeigt dann im Empfindlichkeitsprotokoll immer noch viele rote Stellen an, schaust du die Mülleimer-Schablone erneut an und überlegst, was dein Pferd jetzt schwächen könnte.

2.3.2 Der Mülleimer

Kreise die Bereiche ein, die dir und deinem Pferd Schwierigkeiten bereiten:

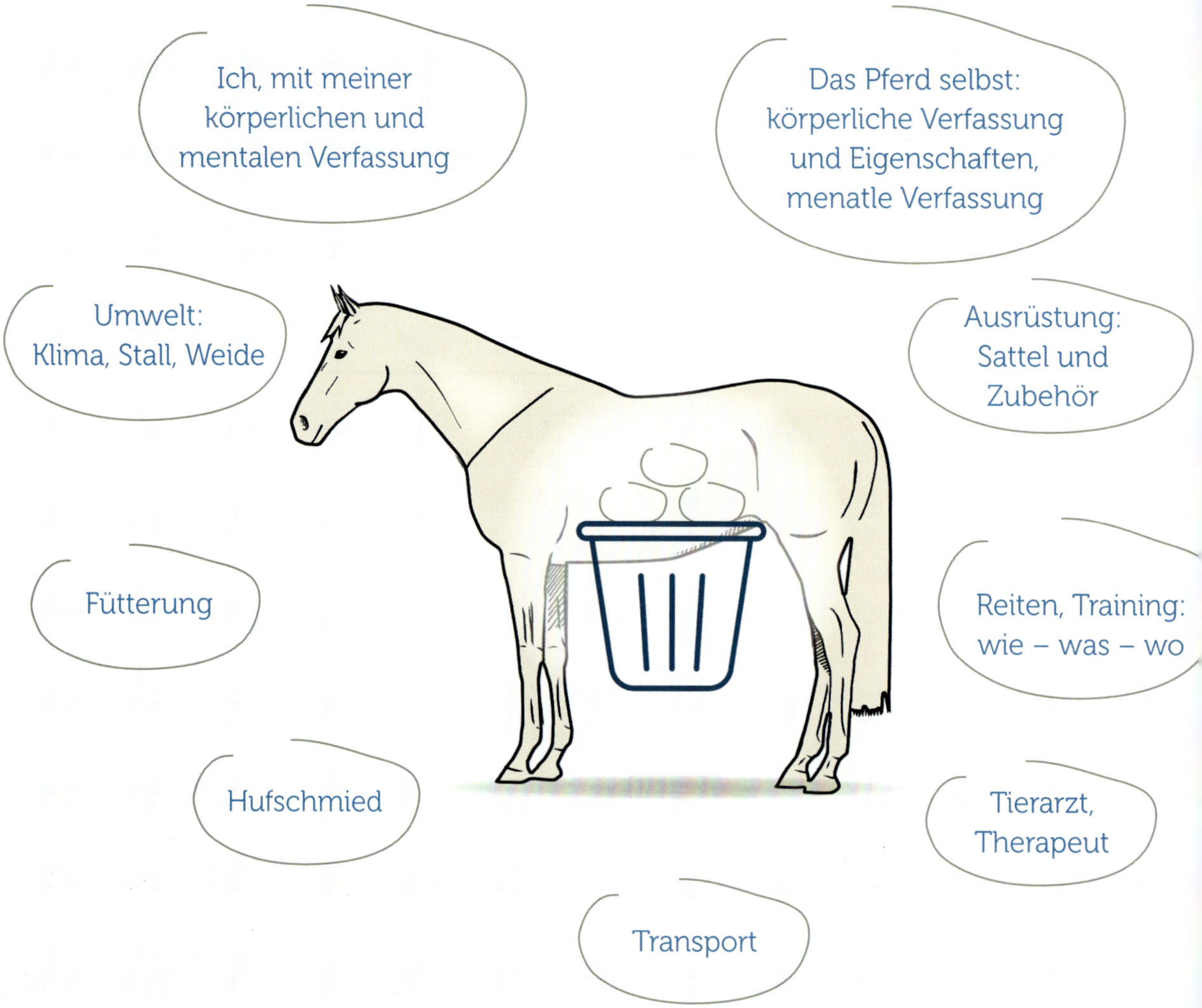

Das Putzen – keine Zeitverschwendung 3

In unserer schnelllebigen Zeit fällt mir auf, dass sich das Putzen des Pferdes auf ein zeitliches Minimum reduziert hat. Fünf Minuten und fertig. Ist gründliches Putzen mit Striegel und Kardätsche etwa Zeitverschwendung und gar unnütz?
Oft sehe ich, wie nur noch mit einer weichen Bürste über das Fell gestrichen wird. Damit sieht das Pferd zwar schön aus und das Fell glänzt, doch von Pflege kann nicht die Rede sein. Kommen noch Mähnenspray und Co. zum Einsatz, werden die Hautporen verstopft. In Kombination mit häufiger Wäsche trocknet die Haut dann zusätzlich aus. Willst du wirklich Trockenheit, verstopfte Poren, Reizungen und zu geringe Durchblutung bei deinem Pferd riskieren?

Putzen ist viel mehr, als nur Schmutz aus dem Fell zu entfernen. Traditionell hieß es früher: „Gut geputzt ist halb gefüttert." Und wehe es waren nicht „50 Striegelflecken" vom ausgeklopften Striegel auf dem Boden. Dann war Nachsitzen in Form von Weiterputzen angesagt.

In *Grundausbildung für Reiter und Pferd, Richtlinien für Reiten und Fahren, Band 1* (Hrsg.: Deutsche Reiterliche Vereinigung, 34. Auflage Warendorf 2023) ist in den Vorbereitungen zum Reiten auf Seite 57 vermerkt:

„Die tägliche Pflege bezweckt die Reinigung des Felles von Staub, Schmutz und Hautabsonderungen wie Schuppen und Schweiß. Die Reinigung wirkt auch wie eine Massage, die die Durchblutung der Haut und des Unterhautbindegewebes sowie die Hautatmung fördert. Das Putzen ist also nicht nur ein

Reinigungsvorgang, sondern auch eine gesundheitliche Maßnahme, die eine bedeutende Rolle für das Wohlbefinden, die Leistungsfähigkeit und die Widerstandskraft des Pferdes spielt."

Putzen spielt also eine bedeutende Rolle für das Wohlbefinden, die Leistungsfähigkeit und die Widerstandskraft des Pferdes. Gehen wir noch einen Schritt weiter. In der Verfassung der Weltgesundheitsorganisation WHO von 1946 wird die **Gesundheit** als ein „Zustand des vollständigen körperlichen, geistigen und sozialen **Wohlbefindens** und nicht nur das Fehlen von Krankheit oder Gebrechen" definiert.

Unter Leistungsfähigkeit verstehe ich Spaß an der Bewegung. Spaß auf jedem Level, ob beim Ausritt, einfachem oder höherem Sportniveau. Widerstandskraft bedeutet für mich ein gutes Immunsystem und ein funktionierender Stoffwechsel sowohl im Verdauungstrakt als auch im Bewegungsapparat, der Muskeln, Sehnen, Gelenke und Knochen. Sowohl der Umgang mit und die Atmosphäre um das Pferd als auch frei von Bauchweh, Verspannungen und Schmerzen zu sein, sind für mich bezeichnend für das Wohlbefinden. Daraus ergibt sich eine einfache Formel:

Leistungsfähigkeit + Widerstandskraft + Wohlbefinden = Gesundheit

Putzen ist also mehr als nur Schmutz aus dem Fell zu entfernen. Geben wir dem Putzen eine neue Bedeutung: „Gut geputzt ist halb massiert." Putzen ist Massage. Putzen ist mobilisieren. Putzen verbindet. Massagen lockern nicht nur die verspannte Muskulatur, sie reduzieren auch Schmerzen und Entzündungen. Beim regelmäßigen Massieren werden Endorphine, Serotonin und Dopamin ausgeschüttet. Es kommt zu einer generellen Entspannung und zu einem angenehmen Wohlbefinden. Das gesamte Gewebe profitiert davon, nicht nur der einzelne Muskel. Regenerationszeiten nach dem Training oder auch nach Verletzungen verkürzen sich.

Und Achtung: Nur entspannte Muskeln und Faszien lassen sich effektiv dehnen und bewegen. Nur so wird der Druck aus den Gelenken genommen.

Mit anderen Worten:

Gesundheit ist alles – ohneGesundheit ist alles nichts!

Wenn es dann noch ohne Manipulation knackt, haben wir alles richtig gemacht. Die Gelenke justieren sich selbst, das Knacken ist ein Druckausgleich, welcher in einem verkanteten oder verengten Gelenk herrscht, eine Blase, die platzt wie bei einem Luftballon. Die Gelenke passen wieder aufeinander in ihrer Form und verengte Gelenke haben in den Gelenkspalten wieder Platz für die Gelenkschmiere. Achtung, dies hat nichts mit dem Knacken und Knirschen in der Bewegung zu tun. Mit dem Entspannen und Dehnen wird der gesamte Körper in Einklang gebracht. Ein gleichmäßiger Muskelaufbau im gesamten Körper wird möglich. Der Körper kann sich für eine bessere Balance „verbinden". Massieren bedeutet auch vorzubeugen. Großartig, so lässt sich das praktische Putzen mit dem nützlichen Massieren verbinden.

3.1 Die Bedeutung der Haut

Die Haut ist ein Phänomen. Sie ist das größte Organ unseres Körpers und bedeckt unseren gesamten Körper und schützt jeden, ob Pferd oder Mensch. Sie bewahrt uns vor Hitze und Kälte, vor dem Eindringen von schädlichen Substanzen und Keimen sowie vor Staub und Dreck. Sie gibt uns Rückmeldungen über die in ihr beheimateten Akupunktur- und Stresspunkte (vgl. Kapitel 5.4). Die Haut atmet und ein Gasaustausch von Sauerstoff und Kohlendioxid findet statt. Wer macht sich Gedanken darüber? Ehrlicherweise muss ich zugeben, dass ich dies so auch nicht mehr im Kopf hatte und erst jetzt bei meinen Recherchen wieder neu entdeckt habe.
Die Haut hat für mich eine elementare Bedeutung. Über meine Hand verbindet sie mich mit dem Pferd. Sie ist meine Eintrittskarte, um Vertrauen aufzubauen und Rückmeldungen über den Gesundheitszustand des Pferdes zu erhalten. Rückmeldungen über Empfindungen von Schmerz, Entzündungen, Hitze, Schwellungen, Kälte, Fellbeschaffenheit und Nerv-Irritationen (zittern auf der Hautoberfläche). Das hilft sowohl mir bei meiner Tätigkeit als Sportpferdetherapeutin als auch privat bei meinen eigenen Pferden.

So bekomme ich täglich Antworten auf die Fragen:
- **Wie geht es meinem Pferd wirklich?**
- **In welcher Verfassung ist mein Partner heute?**

Ich möchte wissen, ob das, was ich bis gestern getan habe, gut war. Ich möchte wissen, ob sich mein Pferd in seiner Haut wohlfühlt oder ob es Schmerzen oder Muskelkater hat. Nützt meine Vorgehensweise oder schadet sie eher? Während einer Verletzung, Krankheit oder auch nach einer Zahnbehandlung möchte ich wissen, wie es meinem Pferd geht und wie es sich fühlt. Das Betrachten meines Pferdes gibt mir nur vage Vermutungen über den Zustand. Ich muss es anfassen, um es wirklich wissen zu können. Das Putzen, die Berührung, gibt mir jeden Tag aufs Neue ehrliche Antworten.

2 Zusammenhänge und Wechselwirkungen

Über die Jahre ist mir aufgefallen, dass wir uns wenig Gedanken über Zusammenhänge machen. Was beeinflusst was? Welche Wechselwirkungen können entstehen? Ich habe festgestellt, dass wir uns immer nur auf ein Problem festlegen.

Viele Pferdebesitzer aus meinem Kundenkreis steckten fest und wir haben gemeinsam ihre Probleme erörtert. Mir ist wichtig, nicht nur zu behandeln und dann wieder zu gehen. Vielmehr möchte ich den Pferdebesitzern helfen, die Probleme und Thematiken zu verstehen, um ihr Pferd dann durch das Putzen, ergänzt durch einfache Hausaufgaben, selbst zu managen. Schließlich geht es auch darum, endlich wieder Freude mit dem Pferd zu erleben. Mit ein bis zwei Behandlungen wird eine Basis geschaffen. Das Managen der Schwächen und der vor Ort herrschenden Gegebenheiten (z.B. die Ausrüstung, das Futter, den Beschlag, die Umgebung oder auch Bewegung in Form von Training und Weidegang) für die Zukunft liegen im Fokus. Ich sehe mich inzwischen nicht nur in der Rolle der Therapeutin, sondern auch in der als Detektivin und Beraterin.

So ist der folgende Fragenkatalog entstanden:

1. Wie wirkt sich eine Beinproblematik, wie zum Beispiel ein Sehnenschaden oder eine Gelenkerkrankung auf den Körper aus?

   a. Wie kompensiert mein Pferd Beinschmerzen nach oben in den Rumpf?
   b. Was passiert mit den anderen gesunden Gliedmaßen, wenn das kranke Bein entlastet wird?

2. Ist ein dicker, kugeliger Bauch gesund?
   a. Es entsteht Druck im Inneren. Doch wie fühlt sich mein Pferd damit?
   b. Bewegt es sich fröhlich, frei und locker oder klemmt es und will so gar nicht vorwärtsgehen?
   c. Wie wirkt sich ein voller Bauch auf die Beingesundheit aus?

Oder hast du darüber nachgedacht:

- Was kann ich unterstützend tun, wenn mein Pferd sich wegen einer Verletzung nur wenig bewegen darf?
- Wie kann ich es körperlich und mental auffangen, damit es nicht zu stark abfällt?
- Wie kann ich es beim Antrainieren unterstützen, um eine Schiefe und/oder Schonhaltung bestmöglich zu vermeiden?

- Was kann ich tun, um Gelenkarthrosen erträglich zu machen?
- Was kann ich tun, damit Gelenkarthrosen gar nicht erst entstehen?
- Was kann ich tun, damit sich mein Pferd generell gelenkschonend bewegt?

- Was kann ich tun, um Steifheit oder Balanceprobleme besser in den Griff zu bekommen?
- Was kann ich tun, um zu lange Aufwärmphasen zu verkürzen und so Kraft und „Kilometer“ für die eigentliche Arbeitsphase zu gewinnen?

Oder du fragst dich grundsätzlich:

- Wie weiß ich, wie es meinem Pferd wirklich geht?
- Fühlt sich das Pferd in seiner Haut wohl?
- Was ist richtig oder falsch, gut oder schlecht?

Die Antworten:
Erster Schritt: Anfassen und aktiv werden! Du putzt das Pferd einmal komplett ohne konkretes Ziel durch. Auf einem Pferdebild markierst du die Stellen, die es gut findet, mit Grün, und die, die es nicht gut findet, mit Rot.

Zweiter Schritt: Erst danach nimmst du das Buch zur Hand und schaust dir an, was über die verschiedenen Körperabschnitte geschrieben steht (vgl. Kapitel 6.2.3). So ist der Lerneffekt deutlich höher und dein Erfahrungsschatz wird sich auf einfache und unkomplizierte Weise erweitern.

Im späteren Verlauf vergleichst du die Vorher-Nachher-Bilder und wirst feststellen, wie sich die rot und grün markierten Flächen verändern.

Tag 1

Tag 14

Tag 28

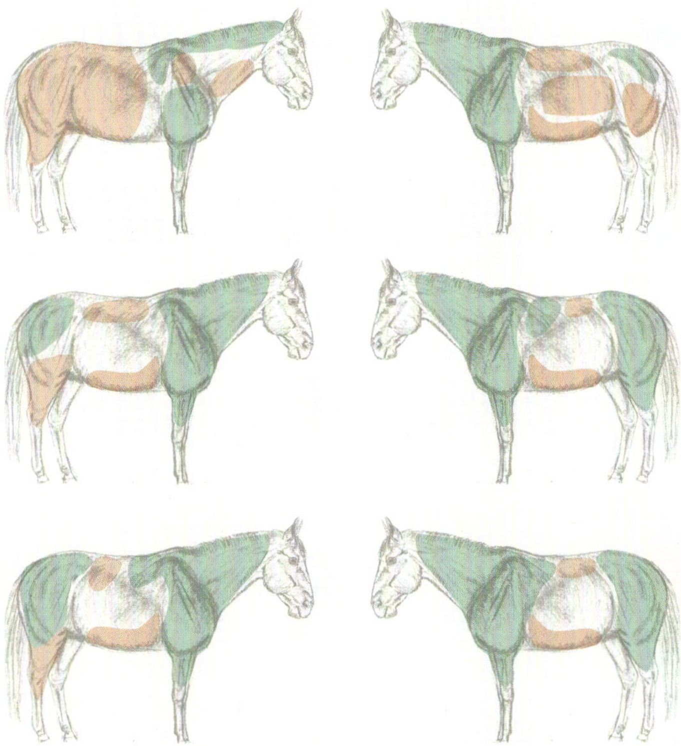

Hier ist ein Beispiel, wie dieses Pferd an Tag 1 große rote Bereiche hat und das Putzen anfangs als sehr unangenehm empfand und wie nach vier Wochen fast alle Körperstellen grün sind. Das Pferd liebt inzwischen das Putzen und die Besitzerin sagte, ihr Pferd wäre von Anfang an viel lockerer und elastischer, seit sie das Putzen, so wie in der Anleitung beschrieben, umgestellt hat.

So beginnt das Putzen Spaß zu machen. Ich sehe, was passiert. Ich tue meinem Pferd etwas Gutes und es macht Freude zu erkennen, wie es mit der Zeit das Putzen genießt, ja regelrecht darauf wartet. Es ist interessant und spannend zu beobachten, wie die Reaktionen vor, während und nach dem Putzen sind. Wie sich der Gemütszustand langfristig verändert und ein harter Bauch weich wird. Die Pferde haben mehr Bewegungsdrang und bewegen sich weicher und leichter.

3.3 Motivierende (Putz-)Beispiele

Ich möchte zwei Beispiele für beeindruckende Verbesserungen nach nur eineinhalb Jahren vorstellen und aufzeigen, wie ein großes, schweres Pferd mit 20 Jahren jung geblieben ist.

Beispiel 1: Unmögliches wird möglich

Eine Pferdebesitzerin hat mir nach 20 Jahren Berufserfahrung gezeigt, was alles möglich ist. Im November 2019 besuchte ich sie und ihre 13-jährige Stute,

Das Pferd hat Schmerzen und zieht sich in sich zusammen, es wirkt introvertiert. Der Gesichtsausdruck: matt und leer, die Ohren sind nach hinten oben gedreht, tiefe, leere Augen, Nüstern gekräuselt, Unterlippe zusammengezogen. Achtung: Dieser Gesichtsausdruck wird fälschlicherweise oft als Dösen interpretiert. Der Hals ist dünn, der Widerrist dominant und der Rücken fällt stark ab. Die Schultermuskulatur ist wenig ausgeprägt, was typisch für eine Trageerschöpfung ist.

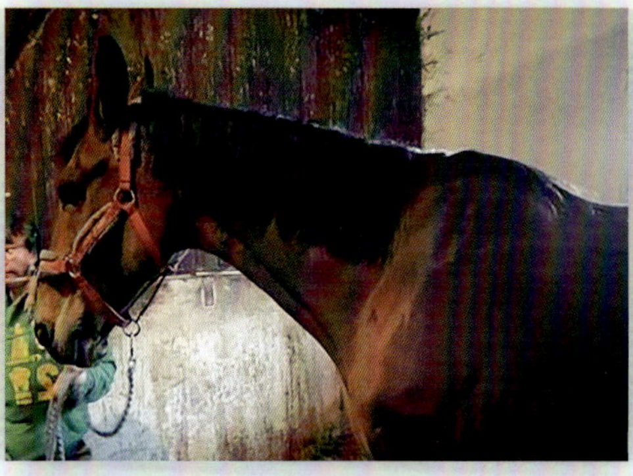

Das Brustbein ist stark nach vorn geschoben und steht hervor. Die seitliche Brustmuskulatur ist kaum noch vorhanden und große Löcher sind links und rechts des Brustbeins zu sehen.

die immer wieder an einer leichten Lahmheit der Vorhand litt und dünn und bauchig war. Die Besitzerin war verständlicherweise frustriert, dass ihre Stute immer wieder in die Lahmheit verfiel und ständig aufs Neue den Tierarzt benötigte. Trotz guten Futters und diverser Nahrungsergänzungsmitteln blieb sie dünn. Die Besitzerin wollte Freude mit ihrem Pferd haben; dies setzte aber voraus, dass es ihrem Schützling gut geht. Ihre Stute war ihr Hobby. Ihr Wunsch war: Ausreiten, um die Stunden mit ihrer Stute zu genießen. Sie wollte Reitunterricht nehmen, um die bestmögliche Unterstützung für sich und ihr Pferd zu erhalten. Durch die immer wiederkehrende Lahmheit war demnach auch die Möglichkeit, besser reiten zu lernen in weite Ferne gerückt. Es endete mit Spazierengehen, Reha und vielen Sorgen.

Gemeinsam haben wir eine für die Stute individuelle Putzstrategie aufgestellt, um sie neben den Reha-Spaziergängen zusätzlich zu unterstützen. Ziel war es, sie zu massieren und beweglich zu halten, da die Besitzerin ihr Pferd nicht reiten oder in Beritt geben konnte. Damit hatte sie die Möglichkeit, Muskeln zu lockern, die sich immer wieder verspannten, weil sie stützten und kompensierten. Außerdem konnten andere Muskeln aktiviert werden, die durch das Schrittgehen zu wenig arbeiteten und somit an Kraft verloren und atrophierten, sprich dahinschwanden.

Als wir begannen, war die Stute sehr knochig und tief in ihrem Brustkorb. Bis zu unserem Nachfolgetermin, normalerweise nach acht Wochen, sollte die Besitzerin die Maßnahmen und Übungen, wie abgesprochen, durchführen. Anschließend würden wir zusammen die erarbeiteten Strategien überprüfen und anpassen. Leider hatte sie sich dann nicht mehr gemeldet und so nahm ich an, die Stute wäre in Rente und auf der Weide.

Anderthalb Jahre später: Die Überraschung – mit einem sensationellen Ergebnis!

Zu meiner Überraschung meldete sich die Besitzerin nach anderthalb Jahren zu einem Nachfolgetermin. Als sie mich im Stall begrüßte, lächelte sie mich zufrieden an. Wir gingen zu ihrer Stute und ich kam aus dem Staunen nicht mehr heraus. Rund und gesund, mit glänzendem Fell und voluminöser Muskulatur

schaute sie mich an. Sie kaute auf ihrem Heu und war zufrieden. Die Lahmheit war verschwunden. Die Besitzerin erzählte mir zudem, sie könne nun täglich ausreiten. Sie hatte sich auch meinen Ratschlag zu Herzen genommen, keine engen Wendungen zu reiten, sondern fast nur geradeaus zu gehen beziehungsweise zu reiten.
Nun wollte sie von mir wissen, ob sie gelegentlich Reitstunden nehmen dürfte. Ja, jetzt war es möglich. Die Stute war in sich so stabil und federnd geworden, dass die Mehrbelastung auf die Beine extrem reduziert war.
In jungen Jahren formen sich die Pferde noch. Doch im Alter von sieben bis acht Jahren sind die Pferde gefestigt und verändern sich in ihrer Körperform und Rückenlinie kaum mehr.

Wir sehen die unglaublichen Veränderungen einer inzwischen 15-jährigen Pferdedame. Ich konnte es eigentlich nicht fassen, wie sensationell sich diese Stute verbessert hat. Noch mehr erstaunte mich, dass die Besitzerin keine Änderungen hinsichtlich Futter, Training etc. vorgenommen hatte. Verändert hatte sie lediglich, dass sie die besprochene Putzstrategie und die Übungen integrierte und das konsequent fünf Tage die Woche. Die Stute nahm plötzlich von selbst zu. Hätte ich es nicht mit eigenen Augen gesehen, hätte ich das niemals geglaubt.

Das Pferd hat eine viel weichere Oberlinie. Der Widerrist ist besser eingebettet und nicht mehr so dominant. Der Rücken ist hoch gekommen, was am Übergang von Widerrist zum Rücken deutlich zu sehen ist.

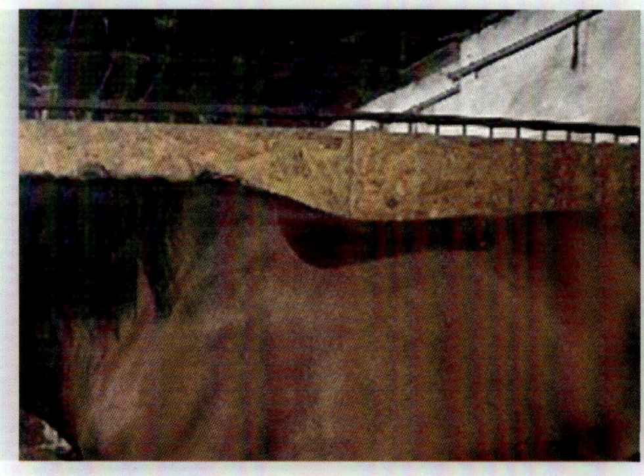

Das Brustbein ist jetzt wieder zurückgegangen und eingebettet zwischen den Schultergelenken. Die Brustmuskulatur hat sich regeneriert und ist voll ausgebildet.

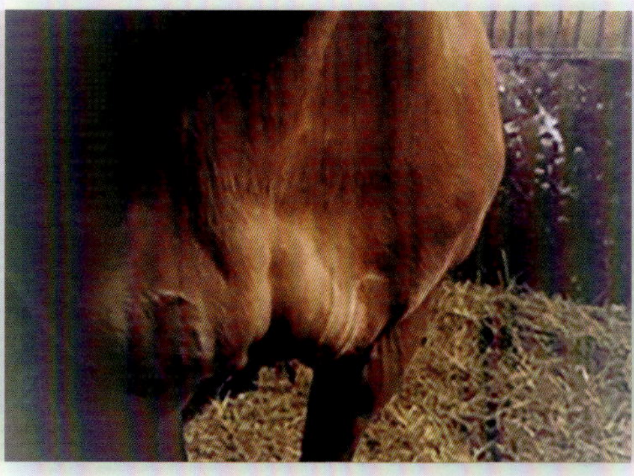

Roxi im Jahr 2010

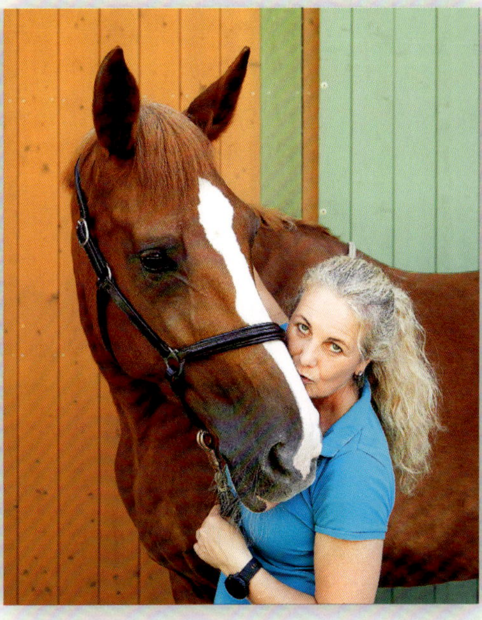

Roxi im Jahr 2023

Beispiel 2: Jung und gesund bleiben

Roxi – 1,78 Meter groß und 730 Kilogramm schwer. Aufgrund ihrer Größe und ihres Gewichts haben ihre Beine sehr viel zu tragen.

Auch sie putzte ich wie all die anderen nach der in Kapitel 6 vorgestellten Strategie und ihr könnt sehen, wie gut man seinen Schützling unterstützen kann. Immer wenn ich von beruflichen Reisen zurückkehre, ist diese Putzaktion meine erste Amtshandlung.
Und glaubt mir, wir haben in den letzten dreizehn Jahren einiges erlebt. Roxi musste meine reiterlichen Defizite aushalten. Mit ihr bin ich nach fünfzehn Jahren wieder in den Reitsport eingestiegen. Sie ist eine große und großrahmige Stute. Mit viel Schweiß und einigen Problemen konnte ich den Wiedereinstieg meistern. Die Herausforderungen mit ihr halfen mir, mich selbst besser kennenzulernen, hilfreiche Reitübungen zu entdecken und Spielraum für Fehler zuzulassen.

Roxi und ich haben auch unsere Erfahrungen von unangepasstem Futtermanagement bis hin zu Stall- sowie Sattelprobleme machen müssen. Ganz zu schweigen von einer Fehleinschätzung des Beschlags. Dabei hätte ich sie fast eines Tages verloren. Auf Umwegen bekamen wir genau die richtige Hilfe. Wir hatten echtes Glück und ihr geht es heute nach wie vor gut.

Wie ich schon berichtet habe, habe ich sie, neben anderen Therapiemaßnahmen, immer nach meiner in diesem Buch vorgestellten Methode geputzt. Dabei konnte sie entspannen und war für meine Anwesenheit sehr dankbar. Sie wiederum verhalf mir zu einem guten Gefühl und so sind wir beide nicht steckengeblieben. Die vielen Erlebnisse haben uns zusammengeschweißt. Sie fühlt sich wohl bei mir und begrüßt mich freundlich jeden Tag aufs Neue.

3.4 Der Nutzen vom Putzen

Aus meinen bisherigen Ausführungen geht hervor, dass es von großem Vorteil ist, selbst aktiv zu werden. Tierärztliche oder therapeutische Behandlungen werden im Nachgang unterstützt und effektiver. Das Pferd hat eine kürzere Regenerationsphase und es verliert weniger Muskeln. Es bleibt zufriedener und beständiger, da es sich in seiner Haut wohler fühlt und Aufmerksamkeit von uns bekommt. Ein genauso wichtiger Aspekt ist: Das Putzen schont unseren Geldbeutel und die investierte Zeit zahlt sich aus.

Welchen Nutzen hat das Pferd durch das Putzen in Bezug auf den Bewegungsablauf?

- Faszien entspannen sich, werden dehnfähig und Überempfindlichkeiten nehmen ab.
- Muskelschmerzen und Verspannungen reduzieren sich.
- Verklebungen der verschiedenen Gewebestrukturen werden weniger.
- Beweglichkeit und Mobilität der Gelenke verbessern sich deutlich.

Welchen Nutzen hat das Pferd durch das Putzen in Bezug auf das organische System?

- Lufttholen und Abschnauben werden gefördert – die Rippen gehen auf, die Lunge bekommt Platz.
- Luft ablassen und pupsen werden gefördert – Darmtrakt/Darmtätigkeit und Verdauung werden angeregt.
- Nervenüberreizungen reduzieren sich.
- Entspannen – der Magen beruhigt sich.
- Zur-Ruhe-Kommen – der Puls wird ruhiger.

Welchen Nutzen hat das Putzen des Pferdes für die putzende Person?

- Rhythmische Bewegungen fördern meine eigene körperliche Geschmeidigkeit.
- Durch aktives Kreisen und Strecken entsteht ein rhythmisches und tieferes Atmen.
- Konzentration und Fokus – ich komme zu mir ins Hier und Jetzt.
- Verbindungen zwischen meinem Pferd und mir vertiefen sich, wir verlinken uns.

Die oberen Komponenten ermöglichen uns ...

- ... unseren Partner Pferd besser kennenzulernen.
- ... unser Pferd besser einschätzen zu lernen.
- ... Problemzonen besser und konkreter zu erkennen.
- ... Lösungen zu finden – was ich tun oder wen ich fragen kann.

4 Die Bedeutung der putzenden Person

4.1 Wie leben wir heute?

Viele Menschen sind ständig gestresst, jagen von einem Termin zum nächsten, bürden sich immer mehr auf, wollen viel erledigen und unternehmen, überfordern sich so tagtäglich und verlieren den Überblick. Am Ende des Tages fühlen sie sich überrollt und irgendwie schlecht, zumal sie auch wissen, der nächste Tag mit seinen zahlreichen Aufgaben wird sich in gleicher oder ähnlicher Form wiederholen.
Früher, so scheint es, liefen die Uhren langsamer. Bestimmt hat es damit zu tun, dass viel von Hand erledigt wurde und nur eines nach dem anderen erledig werden konnte.
Heute ist so vieles einfacher und bequemer geworden. Wir können dankbar für diesen Komfort sein. Doch jede Medaille hat zwei Seiten. Wir sprechen immer von einer guten und einer schlechten Seite. Ich bevorzuge zu sagen, wir haben eine Vorder- und eine Rückseite. Wenn wir uns der vermeintlich schlechten Seite bewusst werden und lernen, mit dieser umzugehen, wird sie sich einfach zu einer neutralen Rückseite entwickeln.

Wir sprechen immer von der schnelllebigen, hektischen Zeit, in der wir unter hohem Druck stehen. Die Möglichkeiten immer mehr Infos und Daten auf dem Smartphone einholen zu können, verleiten uns dazu, erst ständig draufschauen zu wollen und dann wird es zur Gewohnheit, es wird zum Muss. Ich schließe mich hier ein. Einen halben Tag ohne Smartphone zu sein, fühlt sich inzwischen völlig fremd an. Wir bemerken nicht, wie wir ungeduldig werden und Konzentrationsschwierigkeiten einschleichen.

Und was tun wir in unserer wenigen freien Zeit? Füllen wir diese mit weiteren Aktivitäten oder entschleunigen wir uns durch Dinge wie beispielsweise Lesen, Zeichnen oder Singen. Hand aufs Herz: Wohl eher weniger. So wird der Schlaf oft die einzige Pause, die wir uns gönnen.

Eines wird deutlich: Wir sind in dieser modernen Zeit sehr kopflastig geworden und verlieren die Sensibilität und das Gefühl für unseren Körper immer mehr. Für all die Tätigkeiten brauchen wir hauptsächlich unser Gehirn, das vom Körper durch die Gegend getragen wird. Wir trainieren unser Gehirn und weniger unseren Körper. Zurück zu früher: Es war viel mehr Handarbeit gefragt. Langsamere Abläufe mit Körpereinsatz. Ein Beispiel ist das Fegen im Reitstall: Ich bin noch mit dem Spruch aufgewachsen „Durch Fegen lernt man reiten". Klar, umso langsamer man gefegt hat, umso länger konnte man den Reitern und dem Reitlehrer zuschauen und dabei lernen. Das meine ich damit allerdings nicht, sondern: Jeder aktiven Handlung geht eine visuelle – in Gedanken vorgestellte – Entscheidung voraus. Das heißt: Im ersten Schritt steht das Thema Fegen an. Im zweiten Schritt entscheide ich mich, den Besen in die Hand zu nehmen und zu fegen. Danach im dritten Schritt kommt tatsächlich erst die Aktivität. Diese Abläufe passieren so schnell, dass wir uns dessen nicht bewusst sind. Diese ständig sich wiederholenden Abläufe nennt man auch Konditionierung. Wir üben also unbewusst. In unserer immer digital werdenden Zeit üben und trainieren wir unseren Geist und die Finger auf der Tastatur. Doch wie sieht es mit Fegen aus? Wir alle üben und trainieren in diesen Tagen viel mehr den Kopf und die Finger, und der Rest des Körpers bleibt auf der Strecke. Studien haben ergeben, dass in den 1970er-Jahren die Menschen im Durchschnitt 10 bis 12 Kilometer am Tag gegangen sind. Heute liegt der Durchschnitt bei 0,8 bis 1,2 Kilometer pro Tag. Für mich sind das erschreckende Zahlen; sind wir doch eigentlich auch „Bewegungstiere". Zurück zum Fegen: Ich habe noch nie so viele Menschen gesehen, die Schwierigkeiten haben, mit einem Besen umzugehen, geschweige denn flüssig mit einem gewissen Schwung zu fegen. Wir verlieren Stück für Stück unsere Koordination, unser Gleichgewicht wird gestört, unser Bezug zu uns selbst wird beeinträchtigt, was in letzter Konsequenz unser Reiten beeinträchtigt.

Kehren wir zurück zu unseren Pferden. Die Pferde verstehen nicht, wenn wir mit Anspannung in den Stall kommen. Für Pferde bedeutet Anspannung: Hier stimmt etwas nicht, Gefahr droht. Zudem kommen sie auch mit den schnellen Bewegungen nicht zurecht. Sie sind irritiert, herrscht doch in einer Herde meistens Ruhe. Pferde sind von Natur aus ruhige Wesen. Schnelle, hektische Bewegungen bedeuten für unserer Pferde: Achtung Gefahr. Wenn die Herde unruhig wird, stimmt etwas nicht. Bedenkt, wir sind ein Teil der Herde und die Pferde passen sich uns an.

Werdet aktiv und stellt euch folgende Fragen:

- Wie fühle ich mich eigentlich?
- Bin ich ruhig und gelassen? Komme ich zur Ruhe?
- Kann ich Freude und Zufriedenheit empfinden?
- Fühle ich mich verbunden in Kopf und Körper?
- Habe ich Kontrolle über meine Emotionen den Pferden gegenüber?

Betrachtet nun euren Alltag:

- Was sind die Bausteine, die Elemente in meinem Alltag?
- Was ist wichtig für mich, was nicht?
- Was ist wichtig für meine Beziehung zum Pferd?

Bedenkt bitte: Wir sind diejenigen, die die Impulse setzen, bewusst oder unbewusst, geprägt durch unseren Alltag.

Unsere Pferde bekommen alles mit und ab!

Ist euch schon einmal aufgefallen, dass Pferde uns an unserem Schritt erkennen? Noch bevor wir den Stall betreten, werden sie aufmerksam. Oft schauen sie schon, was wir machen, noch bevor wir den Paddock oder die Wiese betreten. Jede Sekunde mustern und beobachten sie uns. Pferde reagieren immer auf das, was auf sie zukommt.

Pferde REAGIEREN, sie sind selten die AGIERENDEN!

Sie reagieren vor allem auch auf unsere Emotionen. Das heißt: Nicht nur auf unsere offensichtlichen Handlungen reagieren sie, vielmehr lesen und fühlen sie unsere Emotionen und Spannungen. Sie spüren, ob wir frei oder aufgesetzt und angespannt lächeln. Sie merken genau, wann wir die Luft anhalten. Für sie ist nicht wichtig, warum wir die Luft anhalten. Oft wissen wir es selbst nicht. Für die Pferde bedeutet es simpel gesagt: Es liegt Spannung in der Luft, Unsicherheit macht sich breit und erhöhte Vorsicht vor einer Gefahr ist geboten. Also noch ein Grund mehr, wirklich selbst aktiv zu werden.

4.1.1 Eine Lehrstunde mit Roxi

Roxi, groß und anmutig, vermittelt einen Eindruck von Gelassenheit und Beständigkeit. Sie bringt so schnell nichts aus der Ruhe, dachte ich. Das folgende Erlebnis hat mich eines Besseren belehrt. Zum einen ihre Reaktion darauf und zum anderen meine eigene Selbsteinschätzung. Was soll ich sagen, beides Fehleinschätzungen. War ich doch überzeugt, ich hätte die Kontrolle über meine Emotionen. Schließlich arbeite ich schon seit Jahren mit Pferden und durch das tägliche Training habe ich auch eine Routine entwickelt. In meinem Therapeuten-Dasein ist es das Wichtigste, ruhig und gelassen auf die Pferde zuzugehen.

Roxi hat mir gezeigt, dass es auch anders kommen kann. Bei einer Terminabsprache haderte ich bereits, ob ich zuerst arbeiten oder zuerst zu Roxi gehen sollte. Ich entschied mich, zuerst zu arbeiten. Mein Bauchgefühl sagte mir zwar, geh zuerst zu Roxi, doch mein Kopf sagte mir zuerst meiner Pflicht nachzugehen. Zuerst die Patienten, dann dein Pferd.

Ich hatte Roxi noch nicht lange. Wir waren zudem neu in diesem Stall und ich wusste nicht, wie spät ich abends noch in den Stall kommen konnte. Ich dachte, ich hätte alles im Griff und es wird schon nicht zu spät werden und habe es dabei belassen. Das Gedankenkarussell ist einfach unbarmherzig. Ich war zwar mit meiner Entscheidung zufrieden, trotzdem kreisten meine Gedanken um Roxi. So kam es natürlich, wie es kommen musste. Es waren mehr Patienten als angemeldet und dann haben sie auch noch mehr Zeit in Anspruch genommen als erwartet. Ich habe mich ständig gefragt, was ich tun sollte und wurde immer nervöser. Ich wollte doch anschließend unbedingt zu Roxi. Im

Laufe des Nachmittags hatte ich eine Lösung gefunden, wie ich damit umgehen wollte. Ich hatte ein gutes Gefühl damit, kam zur Ruhe und als ich fertig war, bin ich freudig zu Roxi gefahren.

Und dann kam meine Lehrstunde, besser gesagt, Lehrsekunde. Auf der Reitanlage angekommen, sah ich keinen Menschen, auch keinen, der hätte meckern können. Ich schaute nochmal genauer nach, ob nicht doch irgendwo ein Schild über Stallzeiten hing. Es war nichts zu sehen. Ich brauchte also keinen Plan B und mir fiel ein Stein vom Herzen. Beruhigt ging ich in den Stall. Roxi fraß Heu und schaute zu mir hoch. Ich öffnete die Boxentür und wollte eintreten. Plötzlich sprang sie wie vom Blitz getroffen nach hinten. „Ups", dachte ich, „Was ist denn das? Bin ich das?" Ich schloss die Boxentür wieder und ging erst einmal hinaus. Während ich tief durchatmete, ging ich in mich und überlegte: Was hatte ich an mir, dass sie so reagierte? Ich stellte fest, ich war der Blitz. Ich hatte immer noch zu viel Restspannung. Und ich war mir so sicher, dass ich ruhig gewesen war. Falsch gedacht – Roxi hatte mich eines Besseren belehrt.

Mir wurde bewusst: Ich war zwar mental ruhig, meine körperlichen Signale waren jedoch nach wie vor auf Spannung ausgerichtet. Mein Körper war noch ein „Spannungsmülleimer". Ich hatte meinen Kopf im Griff, jedoch meinen Körper übersehen und nicht gefühlt. Das heißt: Ich hatte nur oberflächlich geatmet. Dadurch war mein Brustkorb fest und meine Schultern standen noch sehr unter Spannung. Pferde bekommen alles mit. Ich hatte schlicht und ergreifend vergessen, tief durchzuatmen. Ich atmete dann bewusst einige Minuten lang tief durch. Mein Brustkorb, meine Rippen und meine Schultern lockerten sich und die Spannungslast fiel ab. Als ich wieder leicht in den Bauch atmen konnte, ging ich zurück in den Stall. Roxi beobachtete mich mit Argusaugen und kam dann doch näher. Ich hatte wieder die Kontrolle und war so, wie ich es bei meinen Patienten tagtäglich praktiziere.

Dieses Beispiel verdeutlicht, wie sensibel unsere Pferde sind. Es zeigt auch, wie viel Spannung wir unbewusst mit uns herumtragen. Wir atmen nicht durch, die Pferde nehmen es wahr und sind dann unsere Blitzableiter. Gerade deshalb sollten wir dankbar dafür sein, mit Pferden zusammen sein zu dürfen und dies auch wertschätzen.

4.2 Die Bedeutung des Atmens beim Putzen

Atmen ist viel mehr als nur Luftholen!
Durchatmen – oh, schon wieder vergessen? Mal Hand aufs Herz: Wer atmet regelmäßig tief durch? Ich nicht. Im Gegenteil, ich vergesse es ständig. Die tagtäglichen Herausforderungen setzen uns unter Druck und unsere Atmung gerät ins Stocken. Angst und Aufregung lassen uns kurzatmig werden. Auch überschwängliche Freude führt zu oberflächlichem Atmen. Sogar in unserem Sprachgebrauch finden wir das Atmen wieder: Immerhin wird eine Person mit viel Geduld und Ausdauer als Mensch mit langem Atem beschrieben.
Atmen ist viel mehr als nur banales Luftholen. Sauerstoff ist das Lebenselixier Nummer eins. Unsere Überlebenschancen ohne zu atmen sind auf wenige Minuten beschränkt. Jede unserer 70 bis 100 Billionen Körperzellen braucht regelmäßig Sauerstoff, damit die Abläufe in unserem Organismus funktionieren können. Gehirn, Herz, Magen und Muskeln erfüllen ihre komplizierten Aufgaben besser, je mehr sie mit Sauerstoff versorgt werden. Wir atmen also nicht nur Sauerstoff ein. Wir atmen Leben und Kraft.

Einatmen, ausatmen, einatmen, ausatmen. Wir tun es unbewusst circa 16 Mal pro Minute und rund 20 000 Mal täglich. Wir achten sehr wenig, besser gesagt fast gar nicht, auf diesen Vorgang. Untersuchungen haben ergeben: Die meisten Menschen atmen gerade mal so viel oberflächlich ein, dass sie nicht ersticken.
Babys atmen hingegen ganz natürlich in den Bauch. Mit dem Erwachsenwerden und Erwachsensein haben wir uns regelrecht zu einem „Flachatmer" verändert. Wir haben verlernt, in den Bauch zu atmen. Der daraus resultierende Sauerstoffmangel hat zur Folge, dass wir schneller müde und mürrisch werden, überreizt sind und weniger Geduld haben.

4.2.1 Unser Alltag beeinflusst unser Leben in hohem Maße

Unsere Atmung schränkt uns also nicht nur körperlich, sondern auch geistig ein. Warum den „Spieß" nicht einfach umdrehen? Wie wäre es, durch bewusstes Atmen die Kontrolle über unser Leben zurückzugewinnen?
Innere Ruhe ist die Voraussetzung für Vertrauen und Flexibilität. Messungen

haben ergeben: Schon nach fünf Minuten bewusstem Atmen reduziert sich die Anspannung des Körpers um 30 Prozent. Muskeln und Faszien entspannen, Schmerzen nehmen ab. Bewusstes Atmen über einen regelmäßigen, längeren Zeitraum verringert Magendruck und sorgt für besseren Schlaf.
Auch die Psyche profitiert. Klarere Gedanken werden möglich, Unsicherheiten reduzieren sich, und wir können uns einen Überblick über die zu meisternde Situation verschaffen. In der Ruhe liegt die Kraft. Kraft und innere Ruhe geben uns Vertrauen. Vertrauen zu fühlen, was richtig und was falsch für unser Selbst ist. Pferde orientieren sich sehr an uns. Fühle ich diese innere Ruhe und bin ich im Reinen mit mir, nimmt mich das Pferd als angenehm war. Wir Menschen fühlen uns auch wohler und sicherer in der Umgebung eines ruhigen Menschen. Genauso ergeht es den Pferden. Wir sprechen immer davon, Pferden Vertrauen zu geben. Die Vorbereitung für diesen Schritt bin ich! Mit Hektik und Unkonzentriertheit verbreite ich Unsicherheit und das Gefühl beim Pferd „Achtung!" Hier stimmt was nicht. Das Vertrauen eines Pferdes zu gewinnen, ist nur mit innerer Ruhe möglich.
Habe ich gelernt, tief in den Bauch zu atmen und diese innere Ruhe auszustrahlen, überträgt sich das unweigerlich auf jeden in meiner Nähe. Sowohl auf den Menschen als auch auf das Pferd. Beide beginnen ebenfalls tiefer durchzuatmen. Sie profitieren indirekt, sprich ohne selbst aktiv werden zu müssen, und werden entspannen. Jeder von uns kennt das Phänomen vom Gähnen. Beginnt einer zu Gähnen, werden die anderen über kurz oder lang auch anfangen zu gähnen. Genauso verhält es sich mit der inneren Ruhe und der Bauchatmung. Es macht richtig Spaß, dieses Phänomen auszuprobieren und zu beobachten.

4.2.2 Mit bewusstem Atmen Hürden meistern

Wie ihr alle hatte auch ich so manche Hürde zu meistern, zum Beispiel hatte ich aufgrund eines traumatischen Erlebnisses eine unsägliche Angst vorm Reiten entwickelt. Es war so schlimm, dass ich drei Jahre lang Angst hatte, zu reiten. Es war mir noch nicht einmal möglich, überhaupt auf ein Pferd aufzusteigen, geschweige denn, ans Reiten zu denken. Ich bin so dankbar, dass ich diese Hürde überwunden habe. Das Glück der Erde liegt nun mal auch für mich auf dem Rücken der Pferde.

Durchatmen! Ob nun massive Entscheidungen zu treffen waren oder ich meinem traumatischen Monster ins Gesicht sehen musste – durchatmen war der erste Schritt. 1-2-3 entschlossen Luft holen und tief in den Bauch hineinatmen, um danach auf 4-5-6-7 die Angst vor der Entscheidung und das Monster über den Mund mit der Luft regelrecht auszustoßen. Das gab mir persönlich immer große Erleichterung und so konnte ich jedes Mal das Hamsterrad, in dem ich mich befand, verlassen und zu klaren Gedanken gelangen. Siehe auch Atemübungen im Kapitel 4.2.5.1. Was ich ebenfalls sehr empfehlen kann, ist Autogenes Training.

4.2.3 Wie läuft der Atemvorgang eigentlich ab?

Klar ist: Luft sollte rein und natürlich wieder raus, um Platz für neue zu schaffen. Macht das die Lunge allein? Nein! Sie ist wie ein Blasebalg in unserem Brustkorb eingebettet und kann sich selbst nicht aufblasen. Sie braucht Hilfe. Der Brustkorb mit seinen Rippen weitet sich durch das Anspannen der seitlichen Rippenmuskeln. Der Zwerchfellmuskel dehnt sich nach unten. Durch diese Weitung zur Seite und nach unten kann sich die Lunge entfalten und Luft strömt ein. Einatmen bedeutet also, Platz im Inneren zu schaffen, um dem Blasebalg Volumen zu geben. Ausatmen bedeutet: Der Rippenbogen wird enger, der Zwerchfellmuskel spannt sich an und kommt nach oben. Die Lunge wird kleiner und so wird die Luft hinausgedrückt. Danach entsteht eine kurze Pause bis zum nächsten Weiten unseres Brustkorbs.

4.2.4 Atmung und Stress

Wir sprechen immer von Stress, ohne eigentlich eine konkrete Vorstellung davon zu haben. Nüchtern betrachtet ist Stress die körperliche Antwort auf Außenreize. Schon eine leichte Veränderung einer gewohnten Situation bedeutet Stress. Ein Bespiel hierzu: Ich bin im Stall und bereite in Ruhe mein Pferd zur Reitstunde vor. Ich freue mich schon auf die Reitstunde, denn die letzten Wochen hatte es sehr gut funktioniert und heute wollen wir neue Lektionen mit einbeziehen. Auf einmal kommt Unruhe auf, eine Stallkollegin spricht mich an, da irgendetwas im Stall vorgefallen ist. Ich erkläre ihr kurz, dass ich gleich zur Reitstunde gehe und mich ganz darauf konzentrieren möchte. Tja, was soll ich sagen, mental war ich ja schon freudig am Reiten. Aber durch diese Ablenkung, bekam ich Stress. Wie es dann kommen musste, verlief die Reitstunde dementsprechend schlecht.

Schon diese leichte Veränderung ist ein Stressauslöser. Als erste Reaktion atmen wir oberflächlicher, werden hektischer oder halten vielleicht sogar die Luft an. Ich kenne meine Abläufe und trotzdem passiert es. Der Brustkorb bewegt sich nicht mehr und wird fest. Dieses kopfmäßige Festhalten führt zu körperlichem Festhalten und bedeutet in erster Linie: Der Zwerchfellmuskel verspannt und verkürzt sich und kann sich nicht mehr nach unten dehnen. Als weitere Reaktionen wird der Mund trocken, der Puls erhöht sich, die Hände schwitzen. Ein klares Denken wird unmöglich und die Negativspirale beginnt.

4.2.5 Atmung und Fühlen

Kommen diese stressigen Gegebenheiten öfter vor, leidet auch unser Empfinden. Wir nehmen vieles häufig nicht mehr richtig wahr. Wenn wir einen Tisch anfassen, ist dieser präsent. Doch wie er sich anfühlt, geht in einem gestressten Gefühlsempfinden unter. Ist er rau oder glatt? Aus Kunststoff, Holz oder Glas? Kalt oder warm? Trotz gleicher Raumtemperatur fühlt sich Holz wärmer an als Glas oder Stein. Unser Empfinden für das Fühlen ist eingeschränkt und koppelt sich ab. Wir können es nicht genau wiedergeben.
Das fällt mir auch dann besonders auf, wenn wir die Temperatur der Pferdebeine ins Visier nehmen. Pferdebesitzer können mir selten eine genaue Auskunft geben. Ja, sie sollten kühl sein, doch im Winter kommt es immer wieder vor, dass sich die Pferdebeine vom Röhrbein abwärts „abgestanden“ kalt anfühlen! Das heißt: In einem „abgestandenen“ Zustand verlangsamt sich die gesamte Zirkulation, und der Stoffwechsel der Knochen und Gelenke ist stark eingeschränkt. Wie fühlt sich denn nun ein „abgestandenes Röhrbein“ an? Ich vergleiche das immer mit einem Eisenstab und der Holzwand. Dazu lasse ich die Person einfach einen Moment lang einen Gitterstab umfassen und zum Vergleich die Holzwand. Das Holz ist der gleichen Stalltemperatur ausgesetzt und fühlt sich trotzdem „wärmer“ und angenehmer an. Fühlen sich die Röhrbeine wie die Holzwand an, ist alles in Ordnung. Fühlen sich die Röhrbeine

wie eine „kalte“ Eisenstange an, gebe ich den Besitzern Tipps, wie sie dies je nach Situation und Möglichkeiten ändern können.

Um diese kalte Zeit gut zu überbrücken habe ich persönlich gute Erfahrungen mit Nachtbandagen gemacht. Bandagen, die vorübergehend nachts die Kälte blocken. Bandagen mit Unterlagen hemmen die von unten nach oben ziehende Kälte. Die Eigenwärme der Pferde reicht dort nicht aus, um nicht auszukühlen. Diese Wärmpuffer helfen, eine bessere Geschmeidigkeit zu erhalten, eine schnellere Aktivierung der Gelenkflüssigkeit wie im Sommer zu behalten. Keine unnötigen Reibungen und Reizungen, die langfristig sonst gerne zu Gelenkarthrosen und Schale führen.

Beginnen wir doch damit, unsere Umgebung und uns selbst mehr wahrzunehmen. Schaffen wir ein Bewusstsein für das Fühlen. Wir fassen im Verlauf des Tages so viel an. Und wenn es abends die Fernbedienung ist. Wie fühlt sich diese an? Habt ihr schon einmal festgestellt, dass die meisten Fernbedienungen kleine Punkte oder Pfeile zur Orientierung auf den Tasten haben?

Um diese Negativspirale des Kopfkinos und des Gefühlverlustes zu durchbrechen, schlage ich nachfolgende Basisübungen vor. Die täglichen Aufgaben werden viel leichter und einfacher zu meistern sein und das Wichtigste in Bezug auf unsere Pferde: Wir kommen viel entspannter im Stall an, der Umgang, auch das Putzen und das Reiten werden viel schöner. Mit Spannungen, die vielleicht im Stall herrschen, können wir viel besser umgehen und durch unser Zutun zu einer angenehmeren Atmosphäre beitragen. Eins ist auf jeden Fall sicher: Die Pferde würden sich so sehr darüber freuen und es uns auf ihre Weise danken.

4.2.5.1 Atemübungen

Übung 1: Durchatmen mit Gedanken

Bewusst tief einatmen, indem ich das Atmen gedanklich mit den Worten „ein“ und „aus“ verstärke.

Einatmen – gedanklich sagen: EIN
Ausatmen – gedanklich sagen: AUS
Pause – gedanklich sagen: STILLE

Mindestens fünf Minuten und mehrmals täglich wiederholen.

Das Gehirn lässt sich nicht ausschalten, doch lässt es sich mit dieser Technik austricksen. Durch das gleichmäßige Ablenken entstehen Ruhe und Entspannung.

Übung 2: Durchatmen mit Fühlen

Unsere Hände sind die besten Fühler und Antennen, auch für die Weite unseres Brustkorbs. Wir legen unsere Hände auf den Rippenbogen.

a. Beobachtet, wie viel Bewegung beim normalen Atmen in euren Rippen existiert.
b. Atmet und weitet jetzt euren Brustkorb und schaut, um wie viel ihr ihn vergrößern könnt.

Übung 3: Koordination von Atmung, Gedanken und Gefühl
Verbindet nun die erste Übung mit der zweiten Übung. Koordiniert und synchronisiert nun Atmen, Gedanken und das Gefühl in euren Händen.
Diese Übungen können wir jederzeit und überall integrieren. Dadurch haben wir eine Chance zu einer wirklichen Veränderung und lernen, sie nicht zu vergessen.
Achtung: Viele kurze Wiederholungen werden einen Unterschied machen. Wissenschaftlich ist erwiesen, dass sich nach 3000 Wiederholungen eine Veränderung einstellt, nach 5000 Wiederholungen eine Routine entsteht und nach 10 000 Wiederholungen es der Körper verinnerlicht hat!

4.2.6 Atmung als Brücke zu unserem Organismus

Jede unserer 70 Billionen Körperzellen braucht regelmäßig Sauerstoff, damit die Abläufe in unserem Organismus funktionieren können. Lasst euch diese Zahl einmal auf der Zunge zergehen. 70 bis 100 Billionen Körperzellen, das sind wir.
Im Körper ist alles mit allem verbunden. Die Organe stellen uns die Nährstoffe zur Verfügung. Sie zerkleinern die Nahrung, verdauen und wandeln sie in nutzbare Nährstoffe zur Versorgung der Muskulatur um – es ist Treibstoff, mit dem die Muskulatur arbeitet. Wir meinen, im Schlaf tun wir nichts. Nichts bezieht sich jedoch nur auf die Muskulatur des Bewegungsapparates. Die Organe arbeiten auf Hochtouren. Der Körper zieht alles nach innen. Die Leistungsfähigkeit der Muskulatur und auch die Gehirnaktivität sinken ab. Der Körper muss weniger Blut nach außen pumpen, das Herz muss weniger arbeiten und wird im Puls ruhiger.
Werden wir aktiv und wollen wir uns bewegen, geschieht dies durch die Arbeit der Muskeln. Die Muskulatur braucht zum Arbeiten Treibstoff, ein Gemisch aus Nährstoffen und Sauerstoff. Das Blut, das diesen Treibstoff transportiert, muss vermehrt nach außen gepumpt werden. Der Puls erhöht sich. Der Körper konzentriert sich nach außen und die Arbeit der Organe wird reduziert. Für eine gesunde Funktion sind diese Abläufe von innen nach außen und von außen nach innen immens wichtig. Die Ruhe- und Schlafphasen dienen zur Herstellung der Treibstoffe. Wir tanken auf, regenerieren und sind fit, wenn es los geht.

Bei Stress schüttet der Körper vermehrt das Hormon Adrenalin aus. Adrenalin ist wichtig für mehr Leistung. Der Puls geht hoch, Konzentration und Aufmerksamkeit erhöhen sich und die Muskulatur wird aktiv, sei es für die Kopfarbeit oder den Sport. Adrenalin hat eine wichtige Funktion. In Urzeiten war erhöhte Aufmerksamkeit für den Schutz unerlässlich. Adrenalin macht uns nicht nur aktiver, es kann auch bei akuter Gefahr blitzschnell Energien freisetzen. Kampf oder Flucht sicherten früher das Überleben.

Heutzutage hat sich das Stresslevel extrem erhöht, und der Körper verliert seine gesunde Balance. Viele Prozesse sind beteiligt. Nicht nur das Adrenalin wird überproduziert, sondern eine ganze Kette von weiteren Hormonen und Stressoren. Das wirkt wie ein Energydrink. Eine Dose davon können wir noch gut wegstecken. Viele Dosen halten unseren Körper in einem dauerhaft erhöhten Spannungsmodus. Diese Art von Stress lässt uns oberflächlicher und kürzer atmen. Wir halten den Brustkorb eng und fest. Viel weniger Sauerstoff kann über die Lungen aufgenommen werden. Glückshormone und Endorphine, die uns entspannen lassen, und das so wichtige Schlafhormon Melatonin werden in unzureichender Menge produziert. Wir werden ruhelos und schlafen schlecht. Hormone steuern, sind Impulsgeber in unserem Körper und dienen der Kommunikation zwischen den Zellen.

Eine andere Art von Impulsgeber sind unsere Nervenzellen, verpackt in Nervenleitbahnen. Hormone sind mit einem An- und Ausschalter vergleichbar. Die Nerven können wir mit Kabeln vergleichen. Die schönste Lampe wird niemals leuchten, wenn sie keinen Strom erhält. So verhält es sich auch mit der Muskulatur. Der dickste Muskel wird sich nicht anspannen, wenn er keinen elektrischen Impuls über die Nervenleitbahnen bekommt. Und ein unzureichend isoliertes Kabel, welches den Strom unregelmäßig fließen lässt oder gar zum Kurzschluss neigt, wird eine Lampe zum Flackern bringen. Unsere Muskulatur wird ebenfalls ungleichmäßig arbeiten oder Koordinationsstörungen aufweisen, wenn Störungen im Nervensystem vorhanden sind. Dies ist eine sehr vereinfachte Darstellung, doch so funktioniert unser Körper. Sämtliche Bewegungen werden durch elektrische Impulse über die Nerven veranlasst.

4.2.7 Atmung und der Vagusnerv

Der Hauptakteur im inneren organischen System ist der Vagusnerv. Er ist der „Chef", reguliert und versorgt die Organe im Rumpf mit elektrischen Impulsen. Er ist der größte Nerv des parasympathischen Systems. Der Gegenspieler ist das sympathische Nervensystem. Dieses versorgt und aktiviert den Bewegungsapparat, die Muskeln im Außen, damit wir laufen oder andere Tätigkeiten ausführen können und vor allem in Urzeiten bei Gefahrensituationen schnell flüchten konnten. Das sympathische Nervensystem reguliert und reduziert in Stresssituationen die Organfunktionen und pumpt das Blut nach außen, um die Muskelaktivität schnell und bestens für eine Flucht zu versorgen. Das parasympathische Nervensystem reguliert die Organfunktionen. Hat es euch noch nie gewundert, dass ihr nach dem Essen müde werdet und eine Erholungs- und Ruhephase benötigt? Das parasympathische Nervensystem veranlasst nun den Verdauungstrakt zu arbeiten und braucht sowohl das Blut für die Arbeit der inwärtigen Muskeln unseres Verdauungstraktes als auch als anschließendes Transportmittel für die umgewandelten Nährstoffe. So gibt als Gegenpol das sympathische System in einem gesunden Körpersystem die Regulierung an das parasympathische System ab. So findet immer ein Ausgleich zwischen den beiden Systemen statt.

Jetzt kommt es leider in unserer modernen, schnelllebigen Zeit zu folgendem Problem: In Urzeiten waren wir den Raubtieren hilflos ausgeliefert und unser sympathisches System hat uns vor dem Gefressenwerden durch Flucht oder Abwehr geschützt. Heute haben wir diese Gefahrensituationen so nicht mehr. Doch unser Köper funktioniert immer noch wie zu Urzeiten. Das hat Folgen für unseren Körper und unsere Gesundheit. Unsere äußeren Muskeln können wir über das Bewusstsein steuern. Die Organe im Inneren nicht. Bei Stress verengen wir unbewusst unseren Brustkorb. Das sympathische System gibt die Regulierung nicht mehr an das parasympathische System ab. Der Brustkorb bleibt verengt und erzeugt Spannungen. Der dort verlaufende Vagusnerv bekommt Druck und sendet schlechte Impulse. Die Organe werden in die Irre geführt und geraten aus dem Lot.

Was ist nun der Schlüssel, dieser Abwärtsspirale Einhalt zu gebieten? Atmen! In die Breite und in die Tiefe! Damit öffnen wir den Brustkorb, es gibt Platz. Der Vagusnerv kann wieder klare Impulse senden. Zum Zweiten erweitert sich das Lungenvolumen und die 70 bis 100 Billionen Körperzellen erhalten wieder mehr Sauerstoff. Über die Atmung wirken wir indirekt auf unseren Organismus ein und können so aktiv unseren Körper in eine erste Balance bringen.

Um zu verstehen, wie alles zusammenspielt, ist es hilfreich, sich ein Fußballspiel vorzustellen. Der gesamte Rumpf ist das Spielfeld. Es gibt zwei Mannschaften. Das sympathische und das parasympathische System. Normalerweise läuft ein Spiel ausgeglichen in beiden Spielhälften ab. Das Schiedsrichterteam steuert das Spiel, so wie es unsere Hormone im Körper tun. Die sympathische Mannschaft wird jedoch immer stärker und engt die parasympathische Mannschaft zusehends ein. Der Schiedsrichter ist gestresst und schüttet im wahrsten Sinne des Wortes vermehrt Adrenalin aus. Die sympathische Mannschaft nimmt das zum Anlass, die parasympathische Mannschaft noch mehr unter Druck zu setzen. Der Kapitän des parasympathischen Systems verliert die Kontrolle über seine Spieler, welche aus Magen, Niere, Milz, Leber usw. bestehen. Sie spielen zwar weiter, wissen jedoch nicht mehr genau, was sie machen sollen. Betrachten wir einmal den Spieler mit Namen Magen reagiert er auf den Druck völlig überreizt und wehrt sich. Der Spieler mit dem Namen Niere sucht den Kapitän Vagusnerv und stagniert. Die Spannung auf dem Spielfeld ist nun sehr hoch. Jetzt wird es endgültig Zeit, dass die Schiedsrichterassistenten aktiv werden und die beiden Mannschaften zur Besinnung bringen. Luft holen, in die Trillerpfeife pusten, und die Hand heben und „Stopp!" rufen, damit alle erst einmal wieder zur Besinnung kommen. Die Schiedsrichter-Assistenten Dopamin und Co. entzerren die Spieler, der Kapitän Vagus wird wieder sichtbar, seine Spieler können sich wieder nach ihm ausrichten und alle finden zurück auf ihren Platz. Ruhe kommt ins Spiel.

4.2.7.1 Atemübungen

Damit auch wir Ruhe in unser Spiel bekommen und unserem Kapitän Vagus Platz verschaffen, schlage ich folgende Übung vor:

Übung 4: Die Atmung mit dem Erweitern des Rippenbogens koppeln

a. Wir umfassen mit den Händen wieder unsere Rippen.
b. Über die Nase atmen wir tief ein und über den Mund lassen wir die Luft ausströmen.
c. Mit jedem Atemzug wollen wir nun mehr und mehr in die Breite atmen. Dazu werden wir aktiv, indem wir mit den Händen zuerst den Brustkorb enger machen. Wir drücken die gesamte Luft hinaus. Jetzt drücken wir mit den Rippen so weit wie möglich gegen die Hände und weiten den Brustkorb, um Platz für den Vagusnerv zu machen.

Übung 5: Tiefes Aus- und Einatmen

Um jetzt Breite mit Tiefe zu koppeln, verbinden wir alle drei Elemente: Brustkorb, Hände und Kopf. Wir erweitern die vierte Übung und stellen uns vor, eine Kerze ausblasen zu wollen. Nicht zu schwach, aber auch nicht zu stark, damit das Wachs nicht herausspritzt.
Die inneren Handflächen an den Rippen, tief in die Breite atmen und gezielt mit den Gedanken, eine Kerze ausblasen zu wollen, über den Mund ausatmen.

Hinweis: Haltet bitte bei Neubeginn dieser Übungen ein Glas Wasser bereit. Durch die vermehrte Sauerstoffzufuhr in das Gehirn können leicht Schwindelgefühle auftreten. Trinkt Wasser!
Maximal fünfmal ein- und ausatmen. Pause. In diesem Rhythmus können die Wiederholungen dann über die Zeit gesteigert werden.

Apropos Platz schaffen: Wie wäre es, wenn wir uns täglich morgens oder zwischendurch tagsüber immer wieder wie die Katzen recken und strecken würden, um den Brustkorb zu weiten? Katzen tun es oft und eigentlich immer nach dem Aufwachen. Platz schaffen, nicht nur für den Brustkorb, sondern auch für alle Gelenke und Gefäße! Vergessen wir es deshalb, weil wir keine Katzen sind? Dabei wäre das so effektiv und auch noch ganz einfach. Wir sollten uns an den Katzen ein Beispiel nehmen.

Übung 6: Recken und Strecken – ein guter Start in den Tag

Sich morgens im Bett einmal so richtig strecken. Die Arme über dem Kopf, so weit wie möglich, nach oben strecken und den Brustkorb einige Male so richtig aufblähen. Nach dem Aufstehen noch einmal die Arme nach oben strecken. Dann abwechselnd den linken und den rechten Arm strecken und versuchen, einige Minuten lang nach den Sternen zu greifen. So werden die Wirbelsäule und der Brustkorb beweglich und der Brustkorb weitet sich dabei. Wir bekommen mehr Luft und es macht frei. Jetzt sind wir startklar. Der Tag kann mit Leichtigkeit beginnen.

Gewebestrukturen des Pferdes 5

Der Körper ist ein Phänomen und gleicht einem Universum. Er besteht aus den vielfältigsten Gewebestrukturen. Der Mensch an sich ist schon sensibel, doch wenn wir bedenken, wie empfindlich Pferde auf Fliegen auf der Haut reagieren, dann wird uns bewusst, um wie viel sensibler sie sind.

.1 Direkt durch das Putzen beeinflusste Gewebestrukturen

Die **Haut** ist die Eintrittskarte zum Pferd und zu seinem Körper. Sie verdient besondere Beachtung. Über die Haut nehmen auch wir Therapeuten Kontakt auf. Neben Temperaturunterschieden wie Hitze oder Kälte zeigen sich an der Oberfläche auch Schwellungen. In der Haut verbergen sich viele Nervenaustrittspunkte sowie Akupunkturpunkte oder Stress- und Triggerpunkte (siehe Seiten 79 ff.). Eine respektvolle Kontaktaufnahme ist deshalb unerlässlich.

Die **Faszien** – im Speziellen haben wir es mit der großen Körperfaszie zu tun, die wie ein Taucheranzug direkt unter der Haut liegt und die komplette Muskeloberfläche von Rumpf als auch die Gliedmaßen und den Kopf einschließt. Die beste Vorstellung ist: ein Muskel, welcher von einem Mantel umhüllt wird. Der Mantel ist die Faszie und hält alles zusammen, sonst würde dieser sich in alle Richtungen ausweiten. Die große Körperfaszie hält unter der Haut den Körper zusammen und schützt diesen.

Die **Nerven**, die „Stromkabel" im Körper, haben viele Enden an der Hautoberfläche. So ist in bestimmten Regionen nicht die Haut oder die Faszie sensibel, sondern der Nerv, der bei der Berührung getroffen wird. Der Klassiker hierfür ist im Bereich der Gurtlage, oberhalb des Ellenbogens zu finden. Seine Reaktion wird fälschlicherweise immer als „Kitzligkeit" oder „Stutigkeit" interpretiert. Es handelt sich jedoch um einen überreizten Nervenaustrittspunkt auf der Haut.

Die **Muskeln** sind teils locker und entspannt, teils aber auch fest und verspannt. Fest, verspannt und überempfindlich sind vor allem diejenigen, die kompensatorische Arbeit leisten.

Die **Knochen** unterhalb der Haut, zum Beispiel das Schulterblatt, das Buggelenk oder auch der Hüfthöcker, sind sehr empfindlich. Zudem wirken auf Knochen und Gelenke starke Zug- und Druckverhältnisse ein, welche zu Überempfindlichkeiten führen können.

5.2 Indirekt durch das Putzen beeinflusste Gewebestrukturen

Die **Lymphe** ist die Gesundheitspolizei und breitet sich bei Störungen im Körper aus. Seien es Stoffwechsel-, krankheitsbedingte oder auch mechanische Störungen. Die Lymphaufstauungen selbst sind weniger schmerzhaft, doch durch ihr Ausbreiten beanspruchen sie Platz. Es kommt zu Verengungen, zum Beispiel im Hals-Brustbereich oder in den Gelenken der Gliedmaßen. Dadurch entstehen zusätzliche Spannungen und Steifheiten. Durch das Putzen kommt Bewegung ins Gewebe und aufgestaute Lymphflüssigkeit fließt ab. Spannungen und Steifheiten reduzieren sich.

5.3 Innere Gewebestrukturen

Innere Gewebestrukturen, die den Körper von innen nach außen unter Spannung bringen:

Die **„Gedärme“** sind der Teil des Verdauungstraktes, der den Bauch zu rund und zu schwer werden lässt. Oftmals ist dafür zu viel und falsches Futter verantwortlich. Ist die Bauchdecke des Pferdes zu schlaff, bleibt auch wenig Futter zu lange im Darm und lässt diesen noch schwerer werden.
Enorme Spannungen im Flankenbereich entstehen wie bei einem aufgeblasenen Luftballon. Die Folge sind Schwere und Unwohlsein, als würden Steine den Bauch nach unten ziehen. Das Putzen von außen lindert die Schwere und das Unwohlsein.

5.3.1 Was sind die einzelnen Gewebestrukturen?

Die Haut ist wie ein Mantel, der die gesamte Oberfläche bedeckt. Sie grenzt den Körper nach außen ab und beschützt ihn nach innen. Die Haut ist eine Art Schutzmantel für den Körper und bewahrt ihn bei Hitze vor dem Austrocknen und vor dem Eindringen schädlicher Substanzen oder Keime, aber auch vor anderen Umwelteinflüssen wie Kälte, Staub, UV-Strahlung, Feuchtigkeit, Wind und vielem mehr.

Außerdem beheimatet die Haut Sinneszellen, zum Beispiel Wärme-, Kälte-, oder Tastkörperchen, die, gekoppelt an Nervenendigungen, bei Wärme, Kälte, Berührung, Druck oder Schmerz eine Meldung nach innen zum Gehirn senden und so eine Reaktion auslösen. Reaktionen auf angenehme Berührungen sind bei Pferden Näherkommen und tiefes Durchatmen. Unangenehme Berührungen quittieren sie mit Luftanhalten und Ausweichen. Ein weiteres Beispiel für die blitzschnellen Reaktionen, die von den Sinneszellen ausgelöst werden, erleben wir bei einer heißen Herdplatte: anfassen, Hitze verspüren, blitzschnell wegziehen. Der Körper hat gelernt, dass Hitze schadet, die Haut verletzt und so den Weg für Eindringlinge freimacht. Die Meldeprozesse, die bei solch einer Aktion blitzschnell ablaufen, sind phänomenal. Auch Akupunkturpunkte, Stresspunkte oder Triggerpunkte (siehe Seiten 79 ff.) – alle sind auf der Hautoberfläche angesiedelt und geben von dort aus Rückmeldungen, ob ein Organ auf Basis der Akupunktur gestresst ist, oder wie über die Stresspunkte oder Triggerpunkte Muskeln beziehungsweise Muskelareale verspannt sind und die freien Bewegungen einschränken.

Diese Vielfältigkeit der Haut ist der der Organe gleichzusetzen. Die Haut ist somit durch ihre Fläche das größte Organ des Körpers.
Die Haut lebt, und um zu leben, braucht sie neben den Nährstoffen auch Stimulationen. Schwitzen, Frieren und Schubbern aktivieren die Haut. Putzen fördert die Durchblutung und erzeugt Wärme. Ein typisches Zeichen für eine beginnende stärkere Durchblutung ist, wenn die Haut anfängt zu jucken. Die Prozesse zum Aufbau des Schutzfilms werden aktiviert.

Die Faszien bilden ein Bindegewebe aus Kollagen, das neben der Haut den Körper umhüllt und zusammenhält. Es ist ein unglaubliches Netzwerk, im Großen wie im Kleinen. Es verbindet, wie das Wort Bindegewebe zum Ausdruck bringt, von oben nach unten, von unten nach oben, von links nach rechts und umgekehrt und auch von außen nach innen und von innen nach außen. Die Faszien sehen weißlich und sehnig aus. Weißlich bedeutet auch blutarm. So gibt es die große Körperfaszie, die den Körper wie ein Taucheranzug ummantelt, und viele kleinere, lokale Ummantelungen. Ein einzelner Muskel wird als Paket zusammengehalten. Ein Muskel wiederum besteht aus mehreren Muskelbündeln, die genauso durch Faszien eingepackt und gebündelt sind. Zudem bestehen auch Sehnen und Bänder sowie die Knochenhaut aus faszialem Gewebe. Das fasziale Gewebe können wir mit einem Schwamm vergleichen, der zur Erhaltung der Elastizität viel Wasser benötigt. Zur Gesunderhaltung ist allerdings ein Kreislauf im Wechsel von Vollsaugen und Entleeren wichtig. Ein Zusammendrücken des Schwamms bewirkt ein Entweichen des eingelagerten Wassers, damit anschließend neues, frisches Wasser aufgenommen werden kann. Der Schwamm bleibt elastisch, weich und funktionsfähig.
Defizite kommen auf, wenn ein mit Wasser vollgesaugter Schwamm nur herumliegt und nicht, wie oben beschrieben, benutzt wird. Über einen längeren ungenutzten Zeitraum wird er rau, spröde und steif. Benutzen wir den Schwamm regelmäßig, aber mit ungenügendem Ausdrücken, wird er zwar nicht austrocknen, ein guter Wasseraustausch findet jedoch nicht statt. Abgestandenes Wasser im Schwamm wird schlecht sauber. „Altes" Wasser macht zudem den Schwamm kaputt. Genauso verhält es sich im Körper. Wir sitzen viel, machen oft die gleichen Bewegungen. Auch Training, nehmen wir als Beispiel Krafttraining oder zu langes, anhaltendes Training bei den Pferden, führt

zu diesem Phänomen, wenn wir keine Ausgleichsbewegungen und Dehnungen einbauen. Die Flüssigkeitszirkulation im faszialen Gewebe bleibt stecken. Es entwickeln sich Flüssigkeitsansammlungen in Form von Schwellungen. Bei Nichtbenutzung verliert die Faszie Flüssigkeit und trocknet aus. Dies führt zu Schmerzen und Steifheit. Massieren und Putzen aktiviert und hilft so den Faszien beim Flüssigkeitsaustausch. Dadurch bleiben sie aufnahmefähig, geschmeidig und elastisch. Die Faszien haben einen wesentlichen Anteil an einem harmonischen Bewegungsablauf des Körpers.

Die Nervenenden an der Hautoberfläche sind mit Antennen gleichzusetzen, die die verschiedensten Informationen nach innen weiterleiten. Diese sensorischen Nerven sind sowohl für Pferd als auch für den Menschen von großer Bedeutung. Sie leiten und übermitteln Schmerzen, Druck und Gleichgewicht weiter. Es findet ein Wechselspiel zwischen Weiterleitung und Ruhe statt.
Zudem sind diese Antennen auch an ein Alarmsystem, vergleichbar mit dem eines Hauses, gekoppelt. Die Funktion eines Alarmsystems ist es, Störungen zu melden. Diese werden überprüft und bereinigt. Der Kontrolleur setzt den Alarm aus und programmiert ihn wieder auf Bereitschaft. Genauso sollte es in unseren Körpern sein, doch dieser ist ein komplexes Universum. Wir finden zwar immer besser die Ursache und Störung, doch selten den „Aus"-Knopf der Alarmanlage in dem betroffenen Kontrollbereich. Die Verletzung ist zwar unter Kontrolle, doch der Kontrollbereich mit seinem Alarmsystem wird nicht überprüft, geschweige denn auf „Reset" programmiert. Sprich, das Pferd verletzt sich am Vorderbein oder hatte über einen längeren Zeitraum einen schlechtsitzenden Sattel auf dem Rücken. Beide Probleme sind unter Kontrolle und verändert. Jedoch hatten beide Problematiken Schmerzen verursacht, die in die Körpermitte gesendet wurden, einmal von unten nach oben und einmal von oben nach unten in den Brustkorb. Diese Schmerzimpulse bleiben aktiv, das Körpersystem bleibt in erhöhter Spannung und durch die anhaltenden Meldungen werden verfälschte Impulse gesendet. Es ist leider nicht damit getan, nur die Ursache zu beheben. Steifheiten, ein Zusammenziehen der betroffenen Körperbereiche und vor allem ein verspanntes oberflächliches Atmen können die Folge sein. Durch das Putzen des gesamten Körpers finden wir die „Aus"-Knöpfe, die Alarmanlage wird deaktiviert und auf Normalfunktion

zurückgesetzt. Die sensorischen Nervenenden beruhigen sich, der Körper kann von außen nach innen entspannen und wieder die richtigen und wichtigen Impulse weiterleiten.

Die äußeren Muskeln sind die Beweger des Körpers. Die Muskeln im Inneren des Rumpfes sind die Organe. Sie bestehen aus Muskelgewebe. Das Herz nimmt dabei eine Sonderstellung ein. Wie im Kapitel Atmung beschrieben, können wir die Organe indirekt beeinflussen. Direkt beeinflussen und konkret steuern, können wir die Bewegungsmuskeln, die sogenannte Skelettmuskulatur. Das sind Muskeln, die mit den Knochen verbunden sind. Damit nun eine Bewegung stattfindet, werden die Muskeln angespannt und somit verkürzt, um anschließend wieder zu entspannen und sich zu verlängern. Durch diese Mechanik entsteht Zug am Knochen und er wird durch das dazwischenliegende Gelenk bewegt. Hier kommt es nicht nur auf den einzelnen Muskel an, sondern vielmehr auf das Zusammenspiel vieler Muskeln. Sie müssen entweder abwechselnd anspannen und abspannen oder auch zusammen übertragend anspannen.

Die Knochen sind das Körpergerüst, das unseren Körper trägt und die Organe schützt. Das Körpergerüst wird als Skelett bezeichnet. Die Muskeln überlagern immer von einem Knochen zum anderen. Sie sind über sehniges, fasziales Gewebe am Knochen befestigt. So werden die Knochen über die dazwischen geschalteten Gelenke bewegt. Im Ganzen gesehen, bewegen die Muskeln alle Knochen im Körper, er „bewegt sich fort". So gewinnt das Wort „Fortbewegung" an Bedeutung. Hätten wir keine Knochen, wären wir wie eine Schlange oder wie ein Wurm, ohne Stabilität und ohne Aufrichtung. Doch das Skelett dient nicht nur zur Fortbewegung, es schützt auch die lebenswichtigen Organe. Betrachten wir einmal den Brustkorb: Hier sind alle Organe eingelagert. Die Rippen ummanteln alles. Der Brustkorb besteht außer aus den Rippen auch aus der Wirbelsäule und dem Brustbein. So ergibt sich ein kompaktes Gerüst, das uns als Mensch oder Pferd schützt.

4 Akupunkturpunkte – Triggerpunkte – Stresspunkte

Da all diese Punkte auf der Haut zu finden sind, möchte ich die Bedeutung der Akupunkturpunkte, der Stresspunkte und der Triggerpunkte erklären. Diese Punkte beeinflussen das Wohlbefinden und die Elastizität des Körpers. Wenn wir Therapeuten gerufen werden, haben diese Pferde große Probleme und oftmals sind massive Störungen in diesem System vorhanden. Diese Punkte spielen eine große Rolle, um gezielt die Probleme aufzufangen und zu beseitigen. Der Fokus beim Putzen liegt vielmehr darauf, den gesamten Pferdekörper einfach immer wieder auszugleichen und diesen in Fluss zu halten, damit große Störungen erst gar nicht auftreten können. Mit der anschließenden Putzstrategie gleichen wir Schritt für Schritt diese Punkte aus und verbessern so automatisch und auch beständig das Wohlbefinden und die Elastizität.

5.4.1 Was sind Akupunkturpunkte?

Akupunktur ist ein Teilgebiet der traditionellen chinesischen Medizin (TCM). Der Name wird aus dem Lateinischen abgeleitet und bedeutet: acus = Nadel, punctio = das Stechen (chin. 針砭, zhēn biān). Die chinesische Medizin geht von Lebensenergien des Körpers aus (Qi), die auf definierten Längsbahnen, den Meridianen, zirkulieren und einen steuernden Einfluss auf alle Körperfunktionen haben. Ein gestörter Energiefluss wird für Blockaden und Erkrankungen verantwortlich gemacht. Durch das „Nadeln" auf den Meridianen werden die Energien, ob zu viel oder zu wenig, über die Akupunkturpunkte ausgeglichen und harmonisiert. Eine dieser Längsbahnen im Körper ist der Blasenmeridian. Dieser hat eine Sonderstellung, denn alle Organe spiegeln sich hier wider als sogenannte Assoziationspunkte. Sie haben in der Regel die gleiche Aussagekraft wie die Körper-Akupunkturpunkte, wie zum Beispiel die Anfangs- und Endpunkte an den Beinen.

Akupressur ist eine schwächere Form der Akupunktur. Wie der Name schon sagt, bezieht sich der Begriff „Aku-Pressur" auf das Pressen und Drücken von

Aku-Punkten auf der Haut. Bei einer Behandlung werden gezielt Akupunkturpunkte behandelt, um so den Energiefluss anzuregen, auszugleichen und zu harmonisieren.
Für uns ist es wichtig, den Körper generell in Schwung und in Fluss zu bekommen. Das Putzen stimuliert, unterstützt und harmonisiert den Körper. An dieser Stelle möchte ich zwei sehr auffällige Punkte aufführen: den Lungen-Assoziationspunkt im Trapezbereich hinter dem Schulterblatt und den Magen-Assoziationspunkt auf dem Rückenmuskel am Ende der Sattellage. Der Lungenpunkt ist tendenziell immer unterversorgt und der Magenpunkt überreizt. Über das Putzen gleichen wir diese Punkte immer wieder aus.

5.4.2 Was sind Triggerpunkte?

Triggerpunkte werden definiert als überempfindliche und schmerzauslösende Stellen im Körper. Viele dieser Triggerpunkte stimmen mit den Akupunkturpunkten überein. Im Gegensatz zu Akupunkturpunkten sind Triggerpunkte „Quellen" des Schmerzes und nicht als Energiekanäle zu betrachten. „Aktive"

Akupunktur: Hier sind die Assoziationspunkte Lunge und Magen auf dem Blasenmeridian angesiedelt, die durch das Putzen ausgeglichen werden und so ins Gleichgewicht kommen.

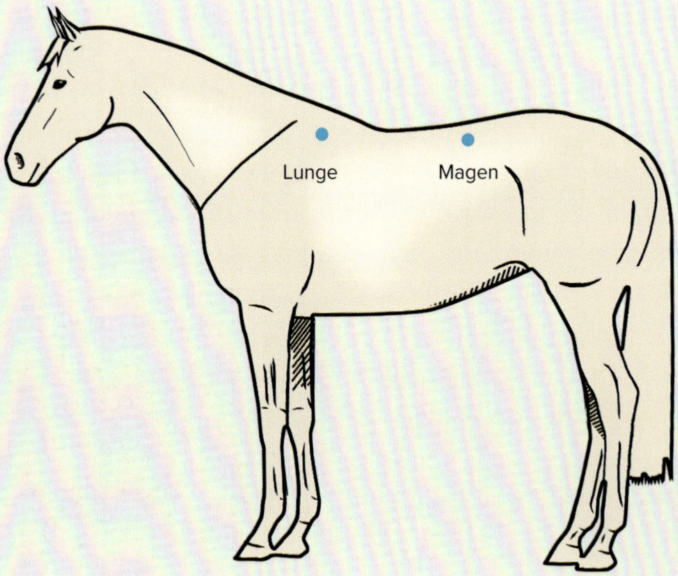

Triggerpunkte schwächen den jeweiligen Muskel und hindern diesen, sich zu dehnen. Allerdings strahlen Schmerzen, in ferner liegende Regionen aus und hemmen Bewegungsabläufe. Dadurch entstehende Muskelverkürzungen beeinträchtigen die zur Bewegung gehörenden Gelenke und können zu Gelenktraumata führen.

Ein oft verstecktes Gelenktrauma bei Pferden betrifft das Bug- beziehungsweise Schultergelenk. Hierbei sind Triggerpunkte, hauptsächlich im Trizepsmuskel, verantwortlich. Diese hemmen die freie Bewegung des Schulterblatts und ziehen bis ins Vorderbein hinein. Dadurch verengt sich das Bug- beziehungsweise Schultergelenk. Das Gelenk kann nicht mehr mit genügend Gelenkflüssigkeit versorgt werden und Knochen kann auf Knochen reiben. Dr. Janet G. Travell (1901 bis 1997) war die erste und bedeutendste Frau, die Triggerpunkte entdeckt und daraus unter anderem die „Myofascial Release“-Methode entwickelt hat.

5.4.3 Was sind Stresspunkte?

Ähnlich wie die Triggerpunkte sind Stresspunkte überall in der Muskulatur des Körpers zu finden. Sie befinden sich häufig am Ursprung eines Muskels und führen dazu, dass sich der Muskel verkrampft und dadurch verkürzt. Beim Drücken dieser Stresspunkte bekommt der Muskel „Stress“ und wird oftmals spastisch und zittert. Jack Meagher bringt es in seinem Buch *Beating Muscle Injuries* auf den Punkt:

„If a muscle is not working for us it is working against us“,

(sprich: Arbeitet ein Muskel nicht für uns, arbeitet er gegen uns.)

Geschichtlich gesehen hat sich Jack Maegher an Dr. Janet G. Travell orientiert und daraus die Stresspunktmassage entwickelt. Jack Meagher (1924 bis 2005) ist der Urvater der Stresspunktmassage und entwickelte in den 1970er Jahren die Stresspunktmassage für Pferde und setzte so echte Maßstäbe. Seine Erkenntnisse und Errungenschaften fließen noch heute in die verschiedensten Massagemethoden mit ein.

6 Putzen

Putzen ist massieren. **Putzen ist mobilisieren.** **Putzen verbindet.**

Faustregel: Zuerst Verspannungen und Schmerzen reduzieren – danach dehnen und bewegen!

Die Gründe hierfür sind einfach erklärt: Schmerzen und Verspannungen machen den Körper fest und steif. Unvorbereitet zu dehnen ist schmerzhaft und somit ineffektiv!

Putzen wärmt auf, nimmt Schmerzen und Verspannungen und bereitet den Körper auf das Dehnen und Bewegen vor.

6.1 Sicherheit im Umgang mit dem Pferd

Kleidung:

- Lange Haare immer zusammenbinden, nie offen tragen!
- Kleidung tragen, die „körpernah" ist und in der ich mich wohlfühle; Jacken zumachen. Offene Jacken, Schlabberhosen oder weite Pullis behindern und bergen potenzielle Gefahren. Allerdings auch keine zu enge Kleidung tragen, die wiederum die Bewegung einschränkt.
- Immer geschlossene und stabile Schuhe tragen. Pferde können uns auf die Füße treten. Turnschuhe bieten zu wenig Schutz und offene Sandalen oder gar „Schlappen", geschweige denn barfuß, sind ein absolutes No-Go!

Deshalb ist mein Leitsatz:

Gut geputzt ist halb massiert und mobilisiert.

Putzort:
Viele von euch putzen auf einem Putzplatz oder auf der Stallgasse. Die Pferde sind entweder mit einem Strick oder mit zwei Stricken links und rechts angebunden. Schön ist es, wenn am Putzort Ruhe herrscht, damit das Pferd das Putzen als angenehm erleben kann. Es wird ruhig und gewinnt Vertrauen zum Menschen. Das Pferd ist ein Fluchttier. Bei Unruhe oder Schmerzen setzt es diese Fluchtmechanismen reflexartig ein, ohne darüber nachzudenken, wer oder was im Weg ist! Zum anderen weiß sich das Pferd auch zu wehren, indem es schnappt, beißt oder austritt – vorn und hinten. Seid euch deshalb nie zu sicher, dass euer Pferd lieb ist und so etwas nie tun würde. Der Urinstinkt, sich selbst zu schützen, ist in jedem Pferd verankert.

Je tiefer das Vertrauen zwischen dir und deinem Pferd wird, desto weniger wird es erschrecken oder sich gegen deine Berührung wehren. Roxi und ich kennen uns schon seit Jahren und ich weiß sie zumindest zu 90 Prozent einzuschätzen. Die letzten 10 Prozent lasse ich offen, denn auch sie ist und bleibt ein Fluchttier. Mit diesem Bewusstsein gehe ich das Putzen an.
Persönlich putze ich am liebsten im Wohnzimmer meines Pferdes. Dort fühlt es sich am wohlsten. Wenn ich an mich selbst denke, hätte auch ich am liebsten eine Massage auf meinem eigenen Sofa. Gemäß dem Motto „My home is my castle", so heißt ein englisches Sprichwort. Es bedeutet, mein Zuhause ist der Ort, an dem ich mich wohl fühle und am besten entspanne. Die Pferdebox oder auch der Offenstall ist oftmals der Ort, an dem sich die Pferde die längste Zeit aufhalten. Vierundzwanzig Stunden zählt ein Tag, wobei zum Tag bekanntlich auch die Nacht gehört. Als Therapeutin ist es mir wichtig, nicht nur zu massieren, sondern vor allem auch herauszufinden, warum das Pferd verspannt und blockiert ist. Gerade im Wohnzimmer und in der nahen Umgebung zeigen sich sehr oft Ursachen, für die es eine Lösung zu suchen gilt. Das finde ich heraus, wenn ich mich selbst für längere Zeit an diesem Ort aufhalte. Wenn ich mein Pferd nur aus der Box oder dem Offenstall heraushole oder wieder dorthin bringe, werde ich es nie herausfinden.

Ein Beispiel, was ich damit meine: Wir Menschen würden uns niemals freiwillig der Zugluft aussetzen. Warum? Wir beginnen zu frieren, wir kühlen regelrecht aus, wir bekommen einen steifen Nacken und sind so in unserer Bewegung im Kopf und in den Armen eingeschränkt. Schlussendlich wird sich ein hartnäckiger Husten einstellen. Frage: Sind Pferde immun oder bekommen sie die gleichen Probleme wie wir? Basierend auf meiner Praxis, in den Boxen zu stehen und es selbst zu fühlen, kann ich zu 100 Prozent bestätigen, dass dies der Fall ist. Gerade im Frühjahr, wenn es draußen in der Sonne schon warm ist, merken wir oftmals nicht, wie kalt die Luft noch ist. In der Box, im Schatten, fällt uns das spätestens nach 30 Minuten auf. Ich habe jedes Jahr viele Pferde, die einen hartnäckigen Husten bekommen, die aus dem Fellwechsel nicht herauskommen und sogar wieder Fell nachschieben. Dadurch müssen sie ihr Immunsystem dauerhaft auf Hochtouren laufen lassen, was ihren Körper schwächt. Ich habe schon oft erlebt, dass Zugluft sogar zu Lahmheiten führen kann, welche aus dem Hals- und Schulterbereich entstehen können. Hartnäckige Vorhandlahmheiten oder Wehrigkeiten beim Reiten würden ohne Zugluft erst gar nicht auftreten.

Deshalb hat es für mich Priorität, das Zuhause als Gast im Wohnzimmer des Pferdes ganz genau kennenzulernen. So kann ich alle Einflüsse selbst wahrnehmen

Standpositionen:

- Das Pferd steht zur Wand. Wand – Pferd – ich. Damit stelle ich sicher, dass ich genügend Platz habe und mich das Pferd nicht einengen kann.
- Immer seitlich und immer ausgehend von der Schulterregion des Pferdes
- Nie frontal vorn am Kopf oder direkt hinter dem Pferd

Noch ein paar Tipps:

Neue Pferde, oder auch wenn meine Pferde einmal einen schlechten Tag haben, putze ich immer mit Halfter und Strick. Den Strick, welcher lang genug sein sollte, lege ich über den Hals des Pferdes in Richtung Widerrist. So kann ich schnell hineingreifen oder ihn zwischendurch festhalten, je nachdem, wie mein Pferd reagiert.

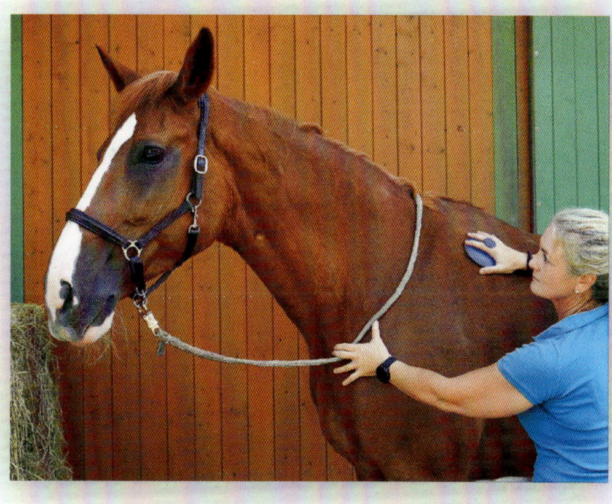

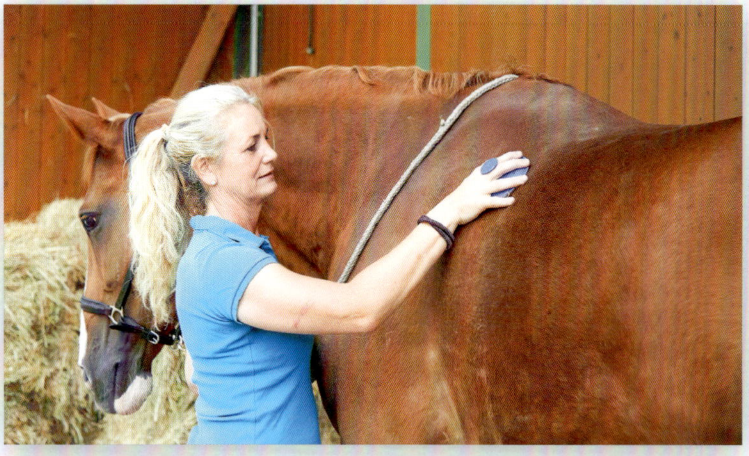

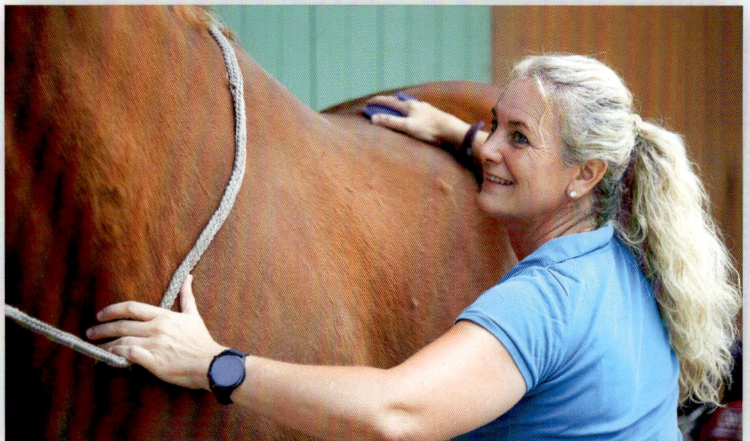

In der Regel binde ich neue oder nervöse Pferde nicht an. Die Gefahr, dass sie sich im Halfter aufhängen und somit erst richtig panisch werden, ist groß. Darum möchte ich die Pferde erst kennenlernen. Die Pferdebox bietet dem Pferd die Möglichkeit, den erwähnten ersten Fluchtreflex auszuleben und so sehr schnell wieder „zu sich zu kommen“, da wir in einem abgegrenzten Bereich sind. Wichtig ist hierbei natürlich, dass ich selbst genug Platz habe, um auszuweichen und gegebenenfalls auch schnell genug aus der Box komme. So habe ich immer Kontrolle über die Situation und kann mir das Vertrauen für die Zukunft erarbeiten und erhalten.
Roxi zeigt deutlich, wie ihr das Putzen gut tut.

Sollte das Pferd sich allerdings angewöhnt haben, mich zu ignorieren und immer in der Box oder im Offenstall seine Runden zu drehen, ziehe ich den langen Strick durch einen Gitterstab oder durch einen angebrachten Anbindering und kann so das Pferd über den Kopf und die Schulter kontrollieren. Es wird sozusagen vom Strick eingegrenzt. Sollte es notwendig werden, kann ich den Strick schnellstmöglich nachgeben und damit Panik und Aufhängen im Halfter vermeiden.

Typisch ist beim Putzen an dieser oberen Stelle des Schulterblatts, dass es anfängt zu jucken und die Pferde sich dort normalerweise gegenseitig „beknabbern“. Um diesen Reflex ausleben zu können, müssen die Gitterstäbe herhalten. Ein langer Strick ist deshalb unumgänglich, wie hier zu sehen ist.

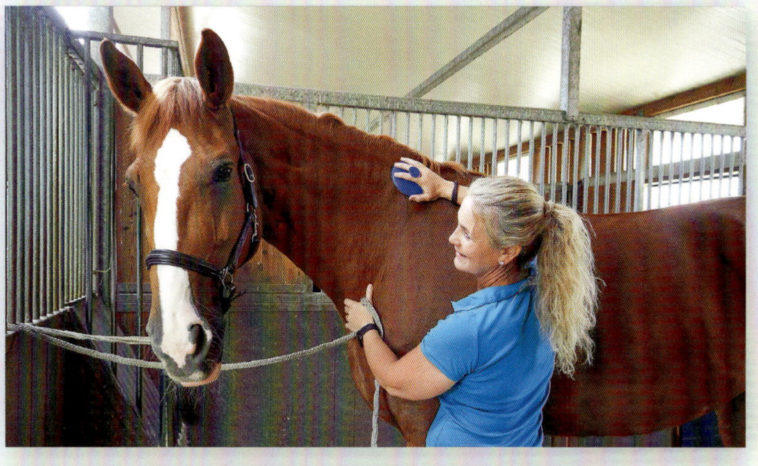

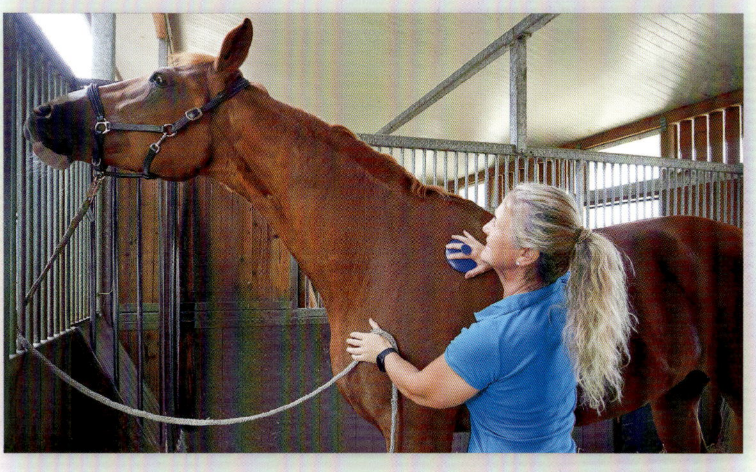

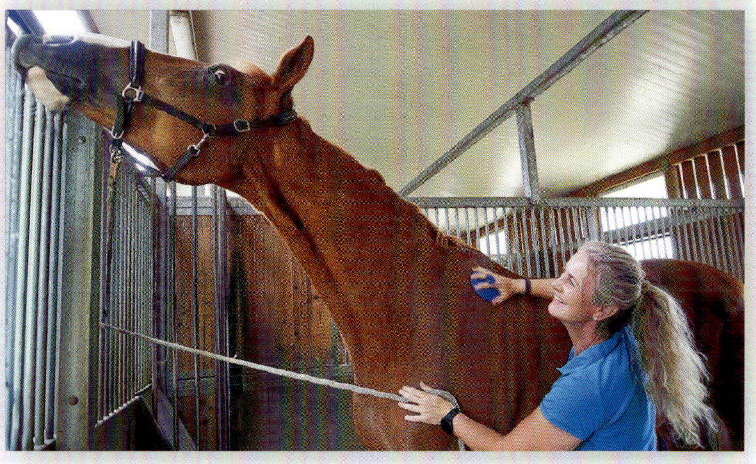

Dieser Striegel ist mein persönlicher Favorit. Er ist elastisch und hat eine ideale Noppenanordnung.

Die Bürste ist so geformt, dass sie sehr gut in der Hand liegt.

6.2 Putzen

6.2.1 Putzrichtungen

Zunächst wird eine Seite des Pferdes geputzt, bevor dann zur anderen Seite gewechselt wird.

Grundsätzlich sind nur zwei Richtungen maßgeblich:

1. Kreisen: In kleinen und großen Kreisen wandern wir spiralförmig über die zu putzende Region.
2. Gerade Striche: In geraden Strichen geht es quer oder längs des Muskels vor und zurück über die zu putzende Region.

6.2.2 Putzdruck

Durch das Putzen lernen wir den Pferdekörper besser kennen. Durch das unterschiedliche Anwenden von leichtem und starkem Putzdruck beginnen wir unser Pferd anders wahrzunehmen. Wir sensibilisieren und schulen mit unseren Händen und Fingern so unsere Wahrnehmung.

Die in das Putzen investierte Zeit ist unglaublich wertvoll. Jeder Tag ist neu und anders und durch den täglichen Check-up lerne ich das Befinden meines Pferdes einzuschätzen und zu entscheiden, was anzuwenden sinnvoll ist und was nicht. Dies wiederum gibt mir Sicherheit und ein Gefühl dafür, was richtig ist.

Mein Motto: vom Anfühlen zum Fühlen ins Gefühl!

Wichtig ist, beim täglichen Putzen die Pferde nicht zu überfallen und einfach nur drauflos zu arbeiten. Beginnt bitte immer mit Bedacht und leichtem Putzdruck zum „Hallo"-Sagen. Die Vorgehensweise ist danach von leichtem zu mittlerem und dann zu starkem Druck und wieder zurück zu leichtem Druck. Variiert also auf spielerische Weise mit den Druckstärken von leicht zu stark und von stark zu leicht. Am Anfang ist alles neu und ungewohnt. Nach einiger Zeit verselbständigt es sich und wird Routine. Respekt und Achtsamkeit unserem Schützling gegenüber sollten wir dabei nie außer Acht lassen.

Was sind die Reaktionen, die meinen Putzdruck bestimmen?

- Hält das Pferd die Luft an, ist es unsicher oder bewegt es sich von uns weg? ▶ Bei leichtem Druck bleiben.
- Beginnt das Pferd, sich in unsere Richtung zu bewegen, streckt oder verdreht es sich? ▶ Putzdruck kann erhöht werden.
- Drückt sich das Pferd sogar in die Bürste hinein, holt es sich sozusagen den Druck selbst ab? ▶ Starker Putzdruck ist nun möglich.

6.2.3 Los geht's – die einzelnen Putzschritte

Schritt für Schritt leite ich euch nun mit Roxi durch unsere Putzstrategie.

Eine Bitte noch: Gebt nicht gleich nach den ersten Versuchen auf. Ihr kennt sicherlich den Spruch: *„Versuch macht klug."* Es lohnt sich.

Kontaktaufnahme und Aufhalftern:
Da ihr jetzt entspannt atmet und „euch eurer selbst bewusst seid", ist das Wichtigste nun die Kontaktaufnahme:

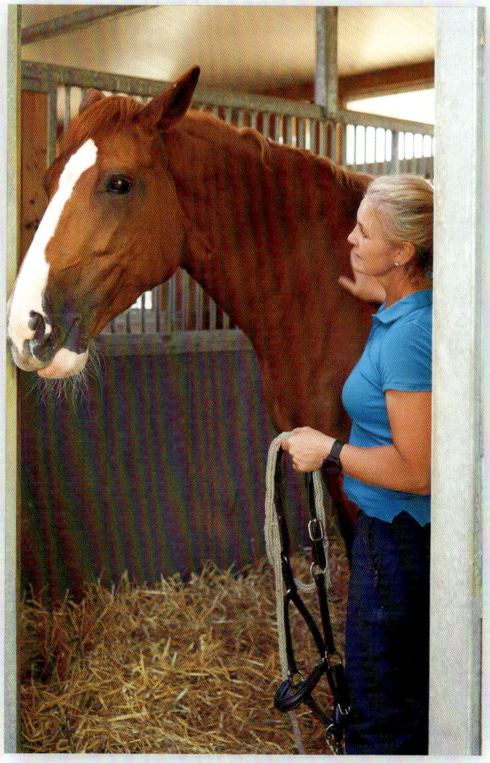

- Bedachtsamkeit ist gefragt! Wartet, bis ihr die Aufmerksamkeit des Pferdes habt und geht dann langsam mit gesenktem Blick und seitlicher Körperhaltung darauf zu. Pferde sind Fluchttiere und wir Menschen die Jäger. Bei direktem Augenkontakt mit frontaler Körperhaltung bekommen Pferde oft Angst. Schnelle Bewegungen verstärken diese zusätzlich.

- Nehmt anschließend über die Hand Kontakt an der Schulter auf, um dann …

- … aufzuhalftern, wie ihr es auf den Bildern seht.

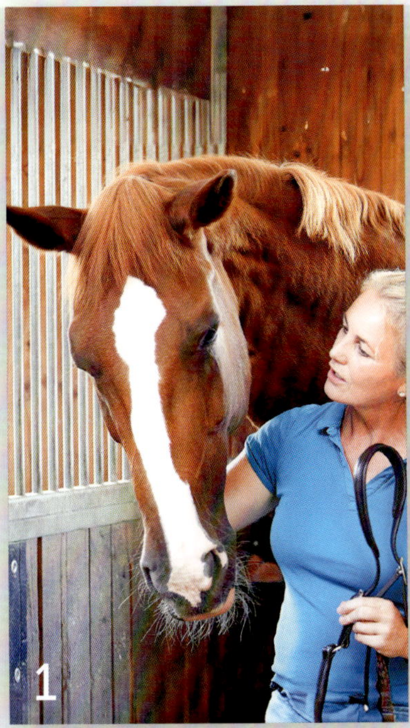
1

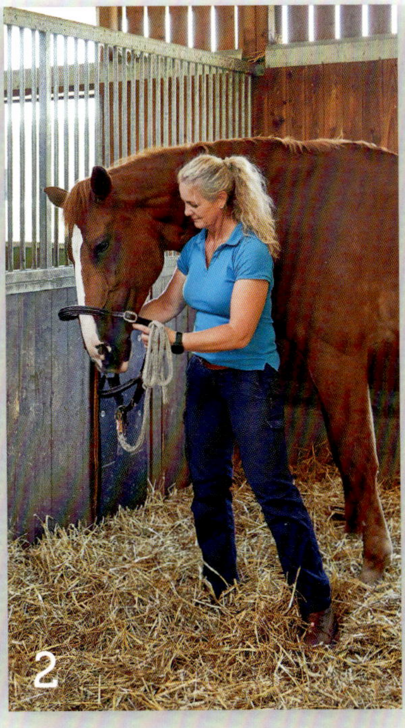
2

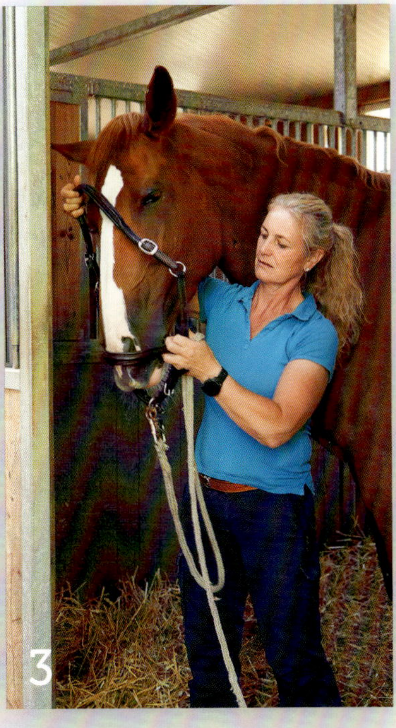
3

4

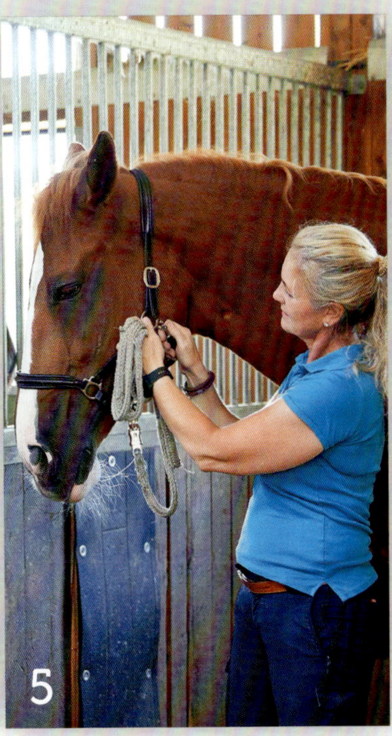
5

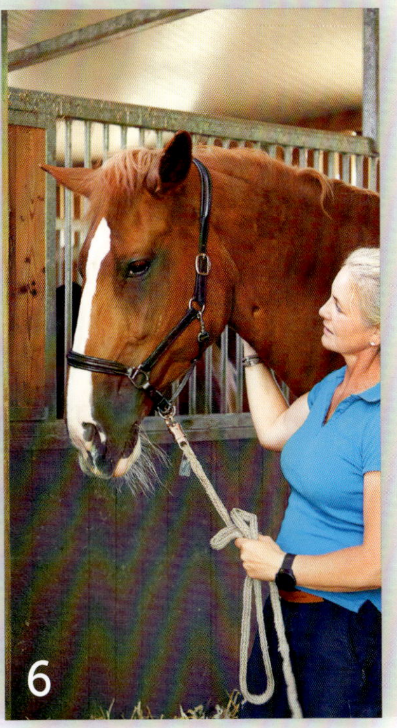
6

1. Die obere Schulterregion

Dieser Bereich ist grundsätzlich und immer der „Putzstart“. Als Herdentiere sind Pferde soziale Wesen. Von dieser Stelle aus kratzen und massieren sie sich und „betreiben Fellpflege untereinander“. Dabei bauen sie untereinander Kontakt auf, lernen sich kennen und vor allem auch zu akzeptieren und zu respektieren. Wir machen das ganz einfach nach und „verlinken“ uns so mit unserem Pferd.

Vorgehensweise:

- Mit kreisenden Bewegungen und wenig Druck beginne ich am oberen Bereich des Schulterblatts.
- Ich putze, bis das Pferd antwortet, indem es „zuhört“, die Ohren zu mir dreht und/oder das zu mir innen liegende Auge auf mich richtet.
- Beginnt das Pferd sogar in die Bürste hineinzudrücken, kann ich definitiv den Putzdruck auf mittleren Druck erhöhen und die Kreise erweitern.

Was steckt dahinter?

Die Region der Schulter ist vergleichbar mit unserem Nacken- und Schulterbereich. Dieser kann fest werden, sich verspannen und schmerzen. Den Pferden ergeht es nicht anders. Sie fangen hier alles Mögliche auf. Nicht nur einen schlecht sitzenden Sattel oder einen unausbalancierten Reiter, sondern auch Schwierigkeiten mit den Gliedmaßen, vorn als auch hinten, die durch Verletzungen, Beschlagsprobleme oder auch zum Beispiel durch eine Hufrehe entstanden sind. Sogar Zahnprobleme, Bauchschmerzen oder eine schlechte Stallatmosphäre zeigen sich in Verspannungen der Schulter. Rückenschmerzen oder chronische Veränderungen in der Halswirbelsäule und im Brustwirbelbereich führen ebenfalls zu massiven Verspannungen des Schulterbereichs. Grundsätzlich kann man sagen, aufgrund des Unwohlseins oder im gesteigerten Modus von Schmerzen „halten die Pferde die Luft“ an. Dieser Bereich ist als Ausläufer des Rumpfes daran beteiligt.

Was bewirkt das Putzen?

Das Pferd beginnt sich zu bewegen, es kommt aus seiner Starre heraus und Berührungsängste reduzieren sich.

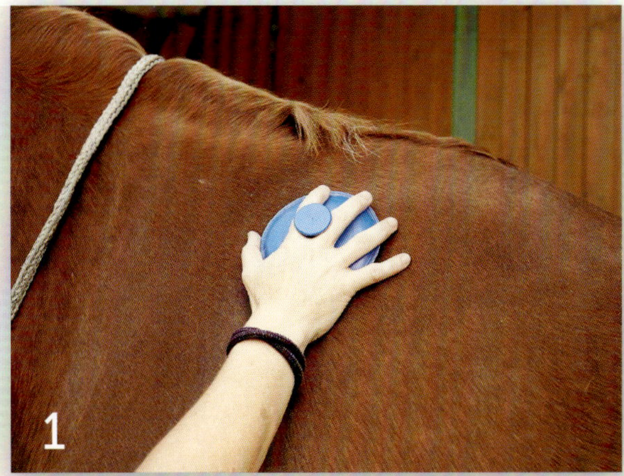
1

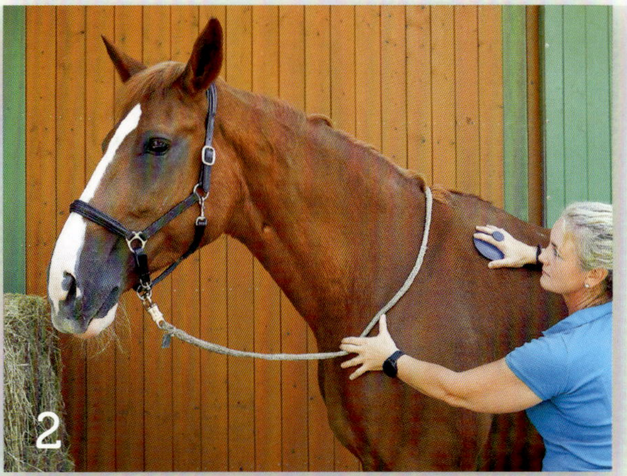
2

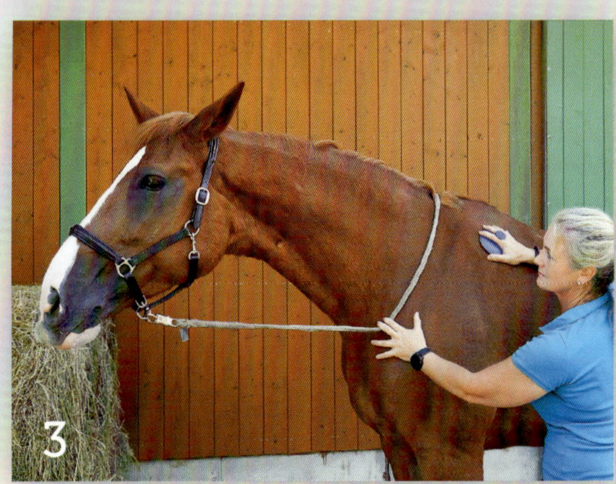
3

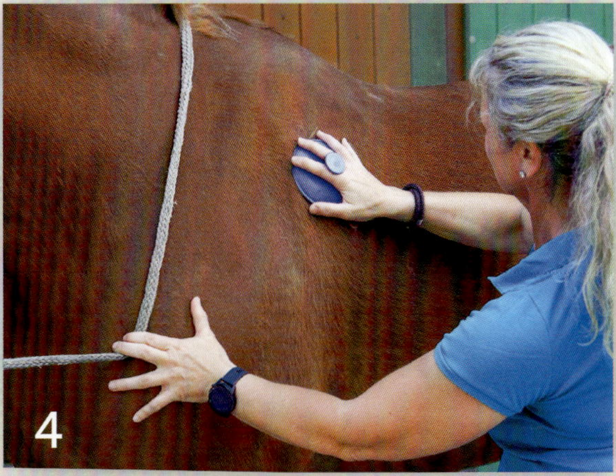
4

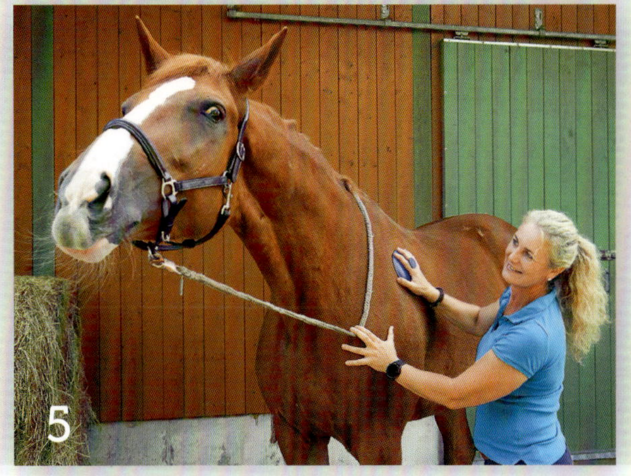
5

Die Haut wird durchblutet. Sie wird warm und beginnt zu jucken. Fasziales Gewebe an der Oberfläche wird massiert, Schmerzen und Spannungen reduzieren sich, Flüssigkeitsansammlungen werden herausgedrückt und das Gewebe wird geschmeidiger.
Die Muskeln werden aufgewärmt, Schmerzen und Spannungen reduzieren sich und die Muskeln werden dadurch weicher. Zudem wird der Assoziationspunkt der Lunge stimuliert und aktiviert.

2. Die mittlere, untere und vordere Schulterregion

Kreisend wandere ich spiralförmig weiter nach unten und vorn.

Vorgehensweise:

- Jetzt putze ich die gesamte Schulterregion. Von oben nach unten und nach vorn Richtung Schultergelenk. Ich passe den Putzdruck an – zwischen leichtem, mittlerem und starkem Druck. Wichtig: leichter Druck über knöchernen und faszialen Strukturen des Schulterblatts, mittlerer und stärkerer Druck für die voluminösere Muskulatur.
- Ich wechsle meine Position und bleibe in Verbindung mit meinem Pferd. So kann ich meine andere Hand auf den Widerrist legen und die zuvor erarbeitete Kontaktaufnahme erhalten.
- Pferd beobachten. Es wird reagieren, indem es das Ohr nach hinten dreht, „hinein- und zuhört“. Weitere Reaktionen können sein, dass mein Pferd in den Putzdruck hinein möchte, sich im Hals streckt und sogar eine „Schnute“ zieht.

Was steckt dahinter?
Dieser Bereich wird oft in Mitleidenschaft gezogen. Die Praxis zeigt mir, dass Pferde im Durchschnitt eine Gewichtsverteilung von 55 bis 60 Prozent im vorderen und 45 bis 40 Prozent im hinteren Bereich haben. Das heißt, der vordere Bereich arbeitet viel, vor allem auch dauerhaft beim „Nichtstun“ im Stehen. Die Muskeln wie auch die Faszien sind hier oft sehr unter Spannung und „verkleben“. Sie sind in ihren einzelnen Strukturen nicht klar erkennbar. Im fortgeschrittenen Stadium verkürzen die Muskeln sich und die Vorderbeine können sich aufgrund der Muskulatur zwar gut nach vorn bewegen, allerdings

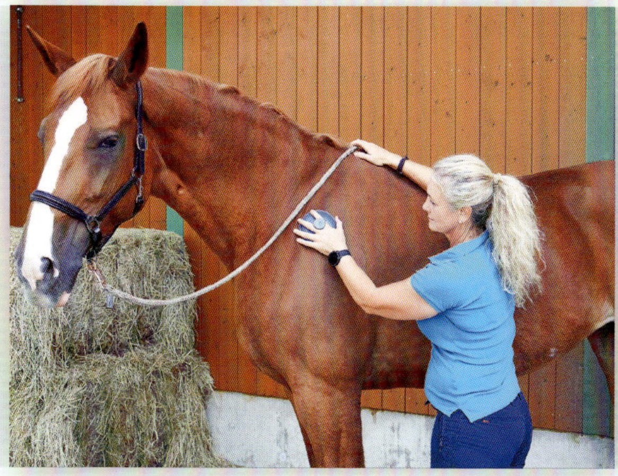

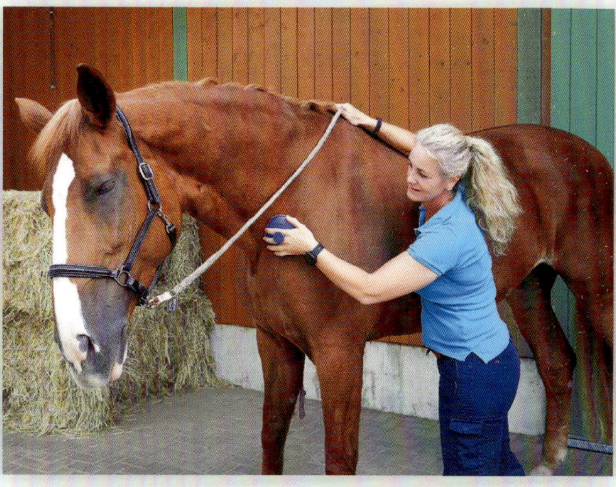

zu wenig nach hinten oder zur Seite. In der Folge sieht der Hals oft kürzer aus, als er tatsächlich ist. Die innenliegenden Wirbelsäulensegmente an der Basis werden komprimiert. Die Zwischenräume verengen sich und so gibt es wiederum Druck auf die dort verlaufenden Nervenäste. Biegen und „Hohlwerden" des Halses gestalten sich schwierig. Das Pferd bewegt den Hals eher gerade und steif.

Was bewirkt das Putzen?
Das Pferd beginnt sich zu strecken und zu dehnen. Es gibt Platz.
Die Haut wird durchblutet, warm, entspannt und beweglich. Das fasziale Gewebe wird infolge der Massage elastisch und dehnfähig. Genauso verhält es sich mit den darunterliegenden oberflächlichen Muskeln. Sie werden ebenfalls durchblutet und aufgewärmt, Spannungen reduzieren sich und so werden auch sie dehnfähig. Die auf die knöcherne Struktur des Schulterblatts und die Muskel-Knochen-Gelenk-Übergänge wirkenden Spannungen werden reduziert.

3. Die Schultergelenkregion

Achtung! Beim Schultergelenk als knöcherne Struktur ist Achtsamkeit geboten. In Verbindung mit dem muskulären Anteil des vorderen Schulterbereichs putze ich hier kreisend mit leichtem, rhythmischem Druck.

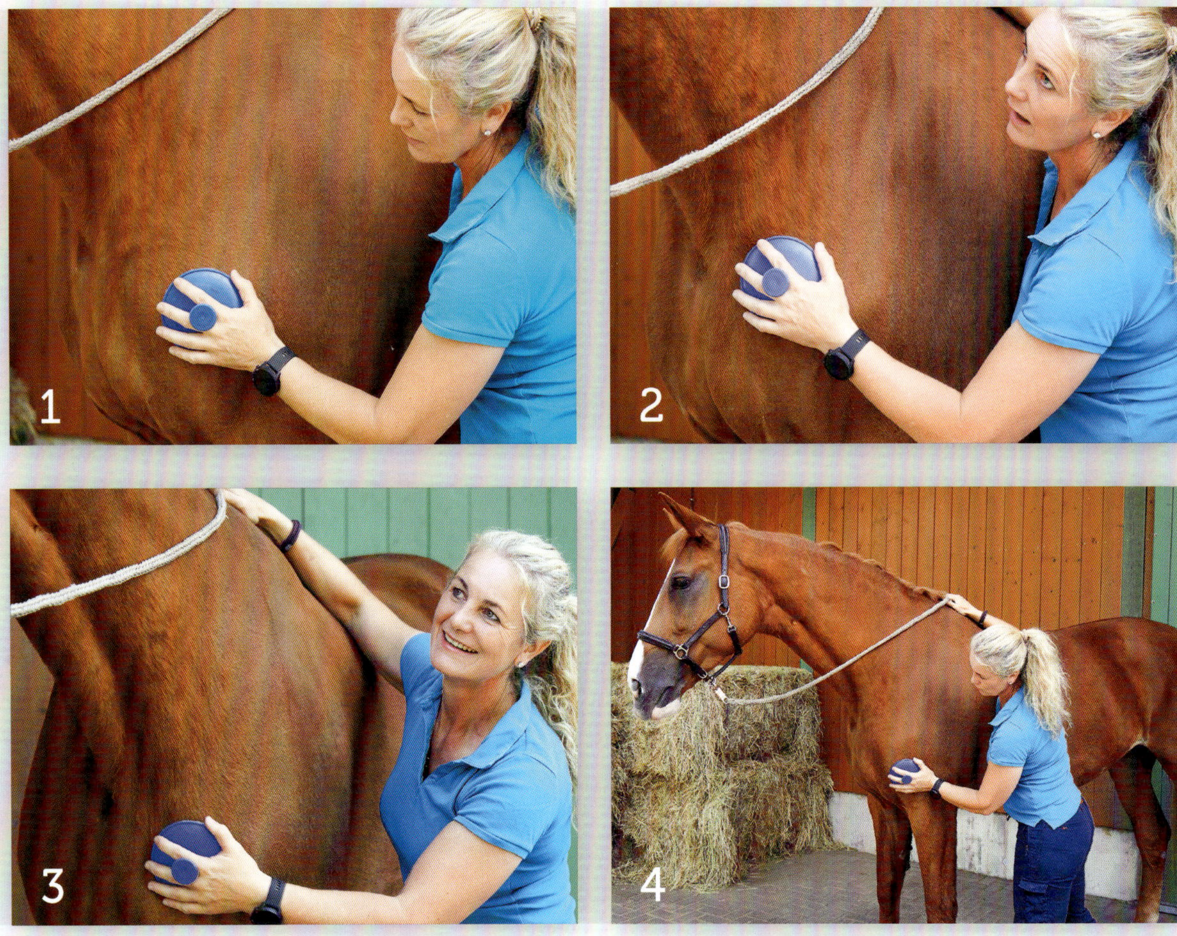

Vorgehensweise:

- Ich bleibe in Verbindung mit meinem Pferd. Meine andere Hand bleibt auf dem Widerrist als „Antenne“ liegen und die zuvor erarbeitete Kontaktaufnahme bleibt erhalten.
- Putzdruck anpassen zwischen leichtem, mittlerem und starkem Druck. Wichtig: leichter Druck über knöcherne und fasziale Strukturen des Schulterblatts, mittlerer und stärkerer Druck für die voluminösere Muskulatur.

Was steckt dahinter?

Das Schultergelenk mit den Übergängen von Schulterblatt zum Oberarm hat den größten „Auffang“-Druck. Das Gelenk selbst verengt sich. Es schiebt sich nach vorn und ein Bewegen ist hauptsächlich nach vorn möglich. Der Bewegungsradius (ROM = Range of Motion) des gesamten Vorderbeins wird aufgrund des Gewichts stark einseitig nur nach vorn möglich. Dies ist weder für das Bug- und Schultergelenk noch für die gesamte Beinmechanik gesundheitserhaltend. Sowohl Muskeln, die über dieses Gelenk verlaufen, als auch die weiteren Beinmuskeln kommen stark unter Spannung. Die Muskelenden, die sich über sehniges Gewebe mit den Knochen verbinden, stehen enorm unter Zugspannungen und die gesamte Region wird dadurch empfindlich. Die Folge ist Angst vor Berührungsschmerz.

Was bewirkt das Putzen?
Das Pferd wird mehr und mehr Vertrauen zu Berührungen entwickeln.
Wie wir Menschen haben auch Pferde bei Schmerzen Angst vor Berührung. Schließlich tut sie noch mehr weh, als es ohnehin schon weh tut. Da Pferde generell ein extrem gutes Erinnerungsvermögen haben, sind sie auch in der Schmerzerinnerung empfindlicher als wir. Die Schmerzerinnerung können wir durch regelmäßiges, vertrauensvolles Putzen umwandeln. Ja, die Pferde werden sich später sogar auf das Putzen freuen. Sie werden über das Putzen Berührungen mit dem Gefühl abspeichern: „Es tut gut – ich will das."
Alle Strukturen der Muskulatur und der sehnigen Anteile, die über das Gelenk verlaufen, werden aufgewärmt und durchblutet. Die Knochenhaut des Gelenks selbst wird durch die Massage beruhigt und die Schmerzen reduzieren sich. Muskeln werden elastisch und die Gelenkspalten können sich nun öffnen. Ein Stadium der Entspannung entsteht.

4. Der vordere Brustbereich

Weiter geht's nun kreisend zum gesamten vorderen Brustbereich.

Vorgehensweise:

- Mit kleinen und größeren Kreisen putze ich nun den gesamten vorderen Brustbereich.
- Dabei variiere ich die Druckstärken mit dem Ziel, dass das Pferd den stärkeren Druck zulässt.

- Sollte das Brustbein sehr auffällig sein, reduziere ich den Druck über der knöchernen Struktur.
- Dabei bleibe ich seitlich stehen und halte weiterhin mit meiner anderen Hand den Kontakt aufrecht.

Was steckt dahinter?

Im vorderen Brustbereich sind anfangs bestimmt 70 bis 80 Prozent der Brustmuskeln als „Ausläufer" inaktiv. Das heißt, sie helfen zwar in der Fortbewegung mit, stützen den Brustkorb mit ihren 20 bis 30 Prozent Aktivität jedoch viel zu wenig ab. Der Brustkorb **hängt** dann zwischen den Schultern vorn im Körpergerüst nach unten. Die Atmung wird oberflächlicher und schlechter, der Brustkorb schmaler und enger. Die Akupunkturpunkte Lunge und Niere, die sich hier als Endpunkte der Meridiane befinden, sind unterversorgt und schwächen so die entsprechenden Organe. Zudem ist an dieser Stelle ein wichtiger Aktivierungspunkt für die Thymusdrüse beheimatet, welcher einen immensen Anteil am Immunsystem hat und an der Brustbeinspitze zu finden ist.

Was bewirkt das Putzen?

Es bewirkt die Aktivierung der Muskeln, der Lungen- und Nierenpunkte sowie der Thymusdrüse.

Durch das Putzen kann sich das Pferd wieder fühlen. Es ist wie bei uns, wenn uns die Arme eingeschlafen waren. Es kribbelt, das Gefühl kommt zurück.

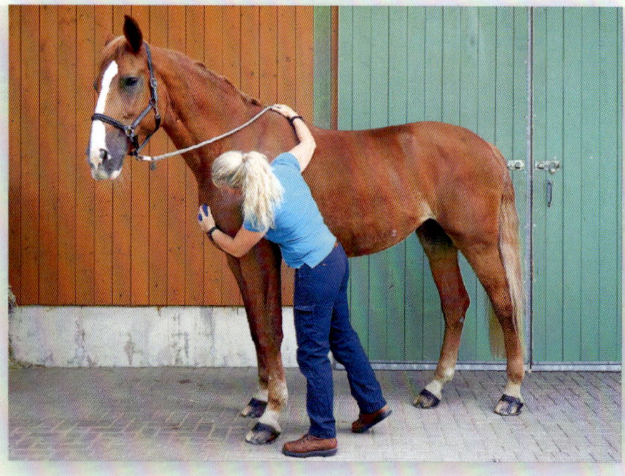

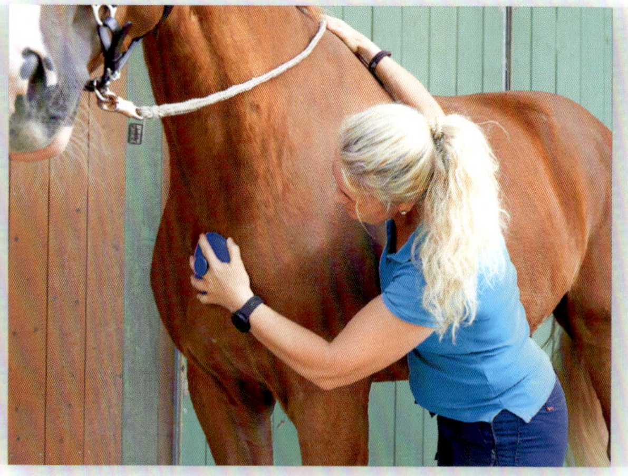

Den Pferden ergeht es nicht anders. Sie beginnen, die Muskeln wieder anzuspannen und zu entspannen – eine Grundfunktion des Muskels. Anspannen – Entspannen heißt Bewegung. Bewegung wiederum bedeutet raus aus der Starre zu kommen. Der in sich hängende Brustkorb kommt heraus aus seiner Statik in eine Dynamik. Damit legen wir den Grundstein für die spätere Mobilisation des Brustkorbs. Die Akupunkturpunkte Lunge und Niere sowie der Thymusdrüsenpunkt (Immunsystem) werden durch den stärkeren Putzdruck regelmäßig stimuliert und ganz wichtig: aktiviert! Ein wichtiger Bestandteil, um die gesamten Körperfunktionen anzuregen. Interessant ist auch zu beobachten, dass sich die Pferde oft selbst breiter in den Vorderbeinen hinstellen und damit den Brustkorb weiten. Alles kann besser fließen, auch Blut, Lymphe und Impulse der Nerven.

Die putzende Person

Hier sieht man zum ersten Mal, wie auch ich mich strecke. Mein Rücken dehnt sich. Die Wirbelsäule, mit ihren oftmals unter Druck stehenden Wirbelkörpern, kann sich nun strecken. Durch das rhythmische Kreisen entsteht eine Dynamik wie bei einer Gymnastik. Dies ist praktikabel und zeitsparend. So liebe ich das. Meine Schmerzen und Verspannungen in Nacken und Schultern sowie im unteren Rücken sind eigentlich nach dem Putzen fast immer weg! Nicht zu unterschätzen: der Kopf. Oft kreisen die Gedanken ungebremst im Kopf herum und lassen mich nicht in Ruhe. Durch die Konzentration auf mein Pferd kreise ich sie förmlich aus meinem Kopf heraus. So profitiere ich nicht nur körperlich, sondern auch mental vom Putzen. Meine Pferde helfen mir dabei, mich selbst zu therapieren und immer wieder meine Mitte zu finden.

5. Der muskuläre Teil der Vorderbeine

Über den Brustbereich wandere ich weiter zum muskulären und somit weichen Teil der Vorderbeine. Diese dürfen noch mit mittlerem bis stärkerem Druck geputzt werden. Die knöchernen Strukturen ab dem Vorderfußwurzelgelenk abwärts bitte vorsichtig putzen.

Vorgehensweise:

- In kreisenden Bewegungen putze ich vorn und seitlich mit mittlerem Druck die Vorderbeinmuskulatur.
- Dabei beobachte ich die Reaktionen des Pferdes auf Empfindlichkeiten und variiere dementsprechend den Druck.
- Die knöchernen Strukturen ab dem Vorderfußwurzelgelenk putze ich mit Bedacht, da die Knochenhaut doch sehr schmerzhaft sein kann.

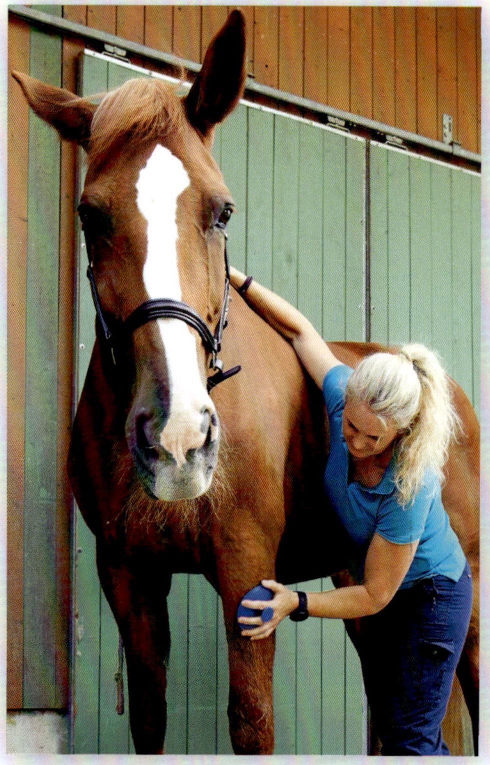

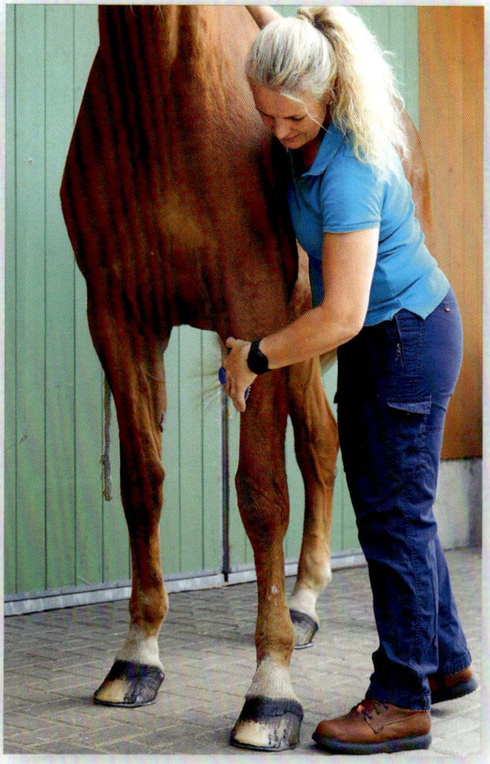

Was steckt dahinter?
Die Vorderbeinmuskulatur ist häufig als Ausläufer der Schulter- und Kopf-Arm-Muskulatur verstärkt unter Spannung. Auch das Gefühl für die Beine kann bei muskulären Verspannungen und einem festgehaltenen Brustkorb beeinträchtigt sein.

Was bewirkt das Putzen?
Die Haut wird beweglich, die Faszien und die Muskeln werden elastisch. Damit gehen die in den Beinen herrschenden Zug- und Druckverhältnisse weiter zurück. Mehr Elastizität bedeutet mehr Platz in den Gelenkspalten und dadurch mehr Beweglichkeit für die Gelenke. Oft ist es so, dass die Gelenke anschließend nicht nur in der Beugung knacken und sich öffnen, sondern auch in der Rotation. Das heißt, durch die Entspannung der seitlichen Strukturen können die Gelenke ihren eigentlichen Platz „wiederfinden". Ganz typisch hierfür ist das Fessel- und Kronenbeingelenk. Das zeigt sich, wenn sich die Pferde seitlich bewegen. Oft hört man hier Ploppen oder Knacken. Das Gelenk hat nun seine „wirkliche" Mitte gefunden.
Wie bereits bei den eingeschlafenen Armen und Beinen beschrieben, kommt das Gefühl zurück. Tatsächlich passiert noch viel mehr! In den Beinen sind Propriorezeptoren. Sie haben die Aufgabe, uns stabil über dem Boden zu halten. Bei jeder Bewegung melden sie in die Körpermitte, wie der Körper in seiner Statik ausgerichtet ist. Denn Hinfallen oder Umfallen bedeutet in der Natur für das Pferd schlichtweg Opfer zu sein und keine Überlebenschance zu haben. Durch das Öffnen und Weiten des Brustkorbs und Entspannen der Beine können diese Rezeptoren Meldungen viel schneller und präziser weiterleiten. Mit anderen Worten: Es stellen sich ein besseres Gleichgewicht und eine bessere Balance ein! **Effektiv sein heißt: Zuerst den Körper funktionsfähig machen, dann Koordinationsübungen durchführen!** Für den Alltag und dann für den Sport!
Auf das Pferd übertragen heißt das, über das Putzen den Körper des Pferdes vorzubereiten, diesen dadurch funktionsfähig zu machen und direkt im Anschluss Koordinationsübungen in Form von Bodenarbeit oder Training durchzuführen. Dies ist viel effektiver als dies zu trennen oder Massagen nach dem Reiten durchzuführen.

6. Der „Trapez"-Bereich und die Gurtlage

Zurück über die Schulterregion kommen wir jetzt zu den **zwei wichtigsten Körperstellen** für das Putzen des Pferdes. Hier staut und sammelt sich alles an.

Vorgehensweise:

- Ich drehe mich wieder und bleibe auf Höhe der Schulter meines Pferdes. So kann ich den Kontakt weiterhin aufrechterhalten und meine Kreise ziehen.
- Nachdem ich bereits den oberen Teil des Schulterblatts massiert habe, wird mich mein Pferd an den verspannten Stellen des hinteren Trapezmuskels deutlich besser akzeptieren.
- Mit rhythmischen Bewegungen gehe ich nun von kreisenden Bewegungen über zu geraden Strichen entlang der Gurtlage. Da die Gurtlage oftmals überempfindlich ist, variiere ich die Druckstärken und wechsle immer wieder zwischen Trapezbereich und Gurtlage ab.

Was steckt dahinter?
Die Ursachen sind, wie bereits beschrieben, sehr vielfältig, weil die Pferde im Brustkorb alles ab- und auffangen. Der Brustkorb ist wie ein Mülleimer, der voll und schwer wird. Ich beschreibe den Vorgang inzwischen als Befüllen des Mülleimers. Ist das Pferd in diesem Bereich sehr sensibel und kann sich im Brustkorb nicht mehr nach oben bewegen, spreche ich von einem vollen Mülleimer. Dies beginnt zuerst mit dem Festhalten des Brustkorbs, im weiteren Verlauf drücken die Pferde diesen nach unten und hängen später in ihrem Körpergerüst fest. Schmerzhafte Verklebungen im Trapezbereich sowie Überempfindlichkeiten durch einen überdehnten Atemmuskel an der Gurtlage sind die Folge, woraus sich wiederum ein oberflächliches Atmen oder Kurzatmigkeit ergeben.

Zudem befindet sich in der Gurtlage, direkt oberhalb des Ellenbogens, im Atemmuskel gelegen, ein Nervenende. Dieses wird ebenfalls überstreckt und dadurch sehr sensibel und überaktiv. Es leitet zu viele und „inkorrekte" Impulse an einen Nervenkomplex weiter, der im Brustkorb, mittig unter dem Schulterblatt, liegt. Da dieser eine Verteilerfunktion hat, sendet er wiederum

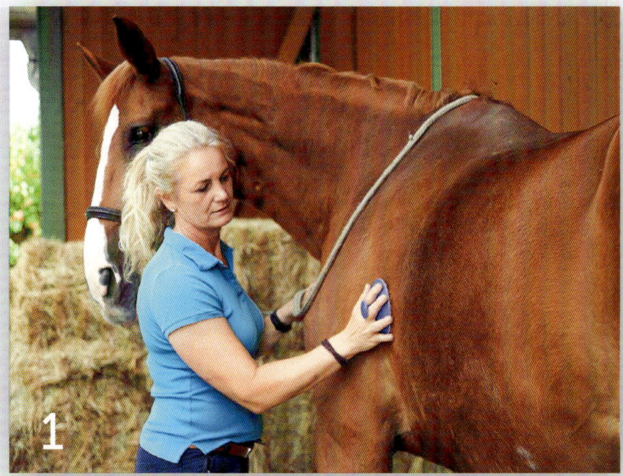
1

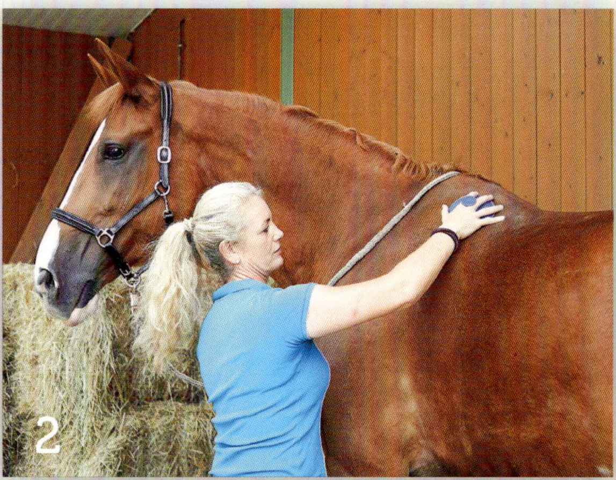
2

3

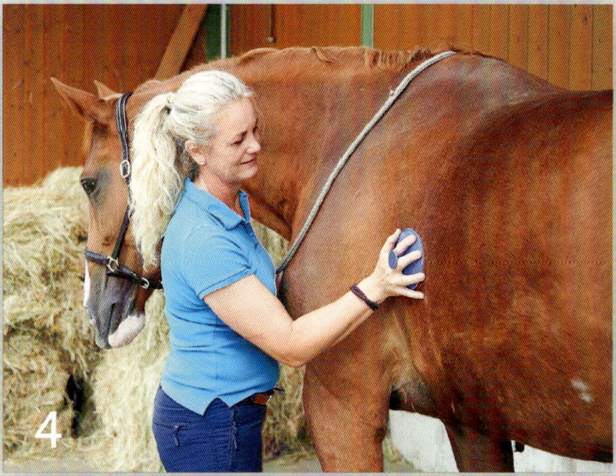
4

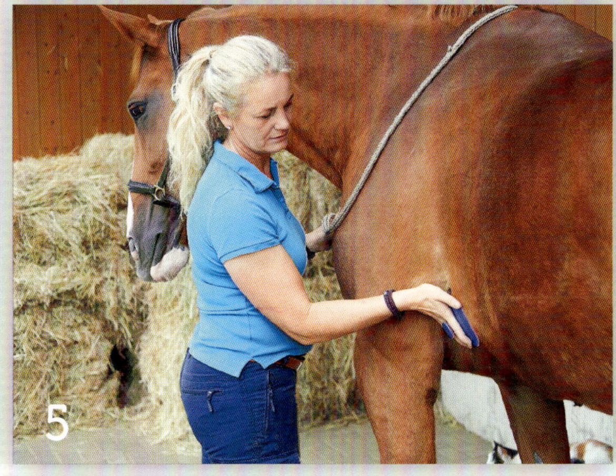
5

zu viele und falsche Signale weiter. Das hat zur Folge, dass die Pferde das Vorderbein zur Körpermitte ziehen und nur noch ganz kurze Trippeltritte machen. Am auffälligsten ist dies im Trab. Die Schulterbeweglichkeit ist deutlich eingeschränkt. Muskelzucken im Halsbereich ist eine weitere Folge.

Was bewirkt das Putzen?
Das Pferd beginnt wieder tief durchzuatmen.
Schmerzhafte Verklebungen im Trapezbereich und Überempfindlichkeiten des Atemmuskels in der Gurtlage werden gelindert. Der Nervenaustrittspunkt beruhigt sich, irrtümliche und verfälschte Impulse werden gestoppt. Am Hals ausgelöstes Muskelzucken reduziert sich so indirekt über die Gurtlage. Ein tiefes Durchatmen bedeutet nicht nur Entspannung. Was passiert beim tiefen Durchatmen mechanisch gesehen? Die Rippen werden beweglicher. Im Innenraum des Brustkorbs entsteht Platz. Kombiniert mit tiefem Durchatmen und Aufwölben des Brustkorbs konnten wir bei Messungen von mehreren Pferden eine Umfangserweiterung im Gurt-Widerrist-Bereich von bis zu 10 Zentimetern feststellen! Das ist für das Gesundheitsmanagement von großer Tragweite. Weil es nun Platz im vorderen, bisher verengten Brustkorb gibt, sind die Nervenbahnen, Blutbahnen und die Lymphbahnen frei und alles kann besser fließen von Rumpf zum Hals, vom Hals zu Rumpf, als auch in den Vorderbeinen hinunter und vor allem wieder nach oben. Die Pferde können viel einfacher atmen, so kann viel mehr Luft in die Lungen einfließen und den Körper mit Sauerstoff versorgen.

7. Der lange Rückenmuskel

Zurück zum Trapezmuskel: Ich beginne kreisend und rhythmisch den langen Rückenmuskel über die Sattellage weiter zur Lende hin zu putzen.

Vorgehensweise:

- Von der Trapezmuskulatur aus beginne ich nun den ganzen Rücken zu putzen. Der Trapezmuskel ist ein Ausgangspunkt für Vertrauen und Wohlgefühl. Nachdem ich mir diese Komfortzone erarbeitet habe, wird das Pferd das Berühren der verspannten und schmerzhaften Rückenregion zulassen.

- Die Sattellage putze ich mit leichten Kreisen. Oftmals sind die Mitte und das Ende der Sattellage sensibel und das Pferd kann nur leichten Druck aushalten. Ich möchte auf jeden Fall verhindern, dass das Pferd den Rücken beim Putzen nach unten wegdrückt.
- Die Lende hingegen ist häufig fest und verhärtet und dort mögen die Pferde gern mehr Druck. Sie genießen es sogar, wenn sich die Durchblutung einstellt. Beginnt es zu jucken, drehen sich die Pferde oft in die Bürste hinein.

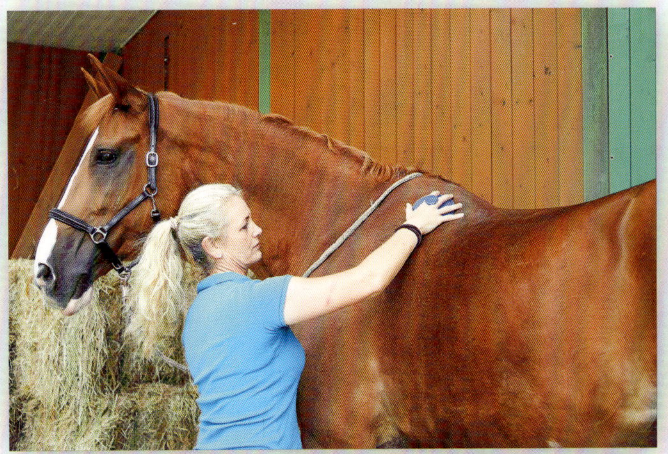

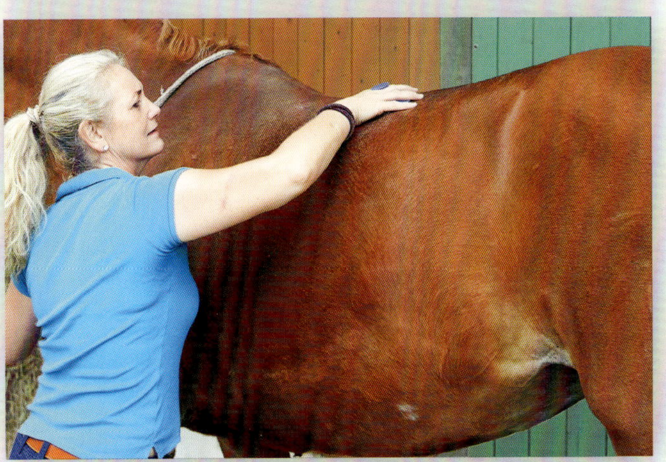

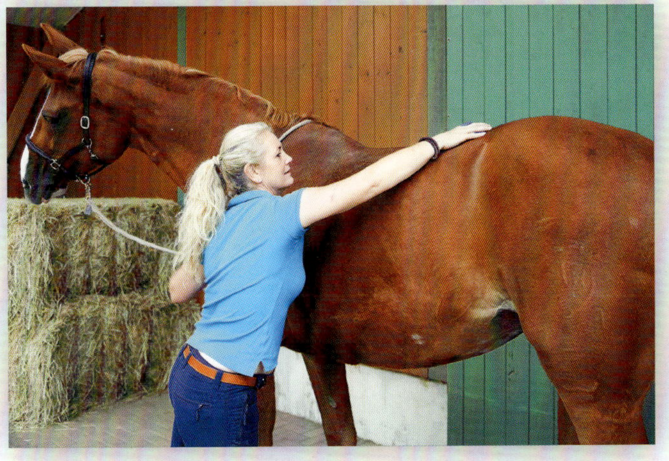

Was steckt dahinter?
Beim langen Rückenmuskel fokussieren wir uns meistens nur auf die Sattellage. Allerdings ist er viel umfassender. Einmal von hinten nach vorn betrachtet, beginnt der lange Rückenmuskel an der Kruppe, geht weiter über die Lende zum Brustkorb beziehungsweise die Sattellage, taucht dann unterhalb des Trapezmuskels ab und endet an den vorderen Brustwirbeln am Halsansatz. So wird der lange Rückenmuskel zum Verbindungsstück von Hinterhand und Vorhand. Wir alle wissen, dass die Hinterhand der Motor für

jegliche Aktivität ist. Schnittstelle ist der höchste Punkt der Kruppe, wo der lange Rückenmuskel als Überträger der Bewegung nach vorn fungiert. Durch seine Länge ist er besonders gefährdet. Wir fokussieren uns meistens primär auf ihn, da das Pferd in den meisten Fällen Rückenschmerzen hat. Doch aus meiner langjährigen Erfahrung würde ich sagen, dass er bis zu 50 Prozent der Probleme von anderen Körperregionen auffängt. Er reagiert sekundär, indem er sich zusammenzieht und schmerzt. Mit diesem Zusammenziehen kann das Pferd vieles kompensieren und „funktioniert" auf die eine oder andere Weise im Training beziehungsweise beim Reiten weiter.

Im vorderen Brustbereich, dem Schultergürtelbereich, ist dann endgültig Schluss. Dort bleibt alles stecken. Diesen vorderen Brustbereich habe ich im Vorfeld bereits als Mülleimer (siehe Seiten 37 f.) bezeichnet. Hinter dem Schulterblatt sehen wir oft „Löcher", eingezogene Muskeln oder bereits einen Muskelschwund. In der Mitte der Sattellage ist bei noch am Beginn stehenden Problemen ein runder Rückenmuskel zu beobachten. Bei Fortschreiten bildet sich die Rückenmuskulatur zurück und wir sehen zu viel von der Wirbelsäule. Die Sattellage bekommt eine Form wie das Dach eines Hauses. Der Rückenmuskel ist normalerweise rund und die Wirbelsäule dadurch geschützt. Hat der Muskel nun eine Form wie ein Dach, sind die Spitzen der Dornfortsätze zu sehen oder zu fühlen. Die Knochenstrukturen sind zu nahe an der Oberfläche und reiben oftmals an der Sattelunterlage. Außerdem hat die Wirbelsäule durch die fehlende Muskulatur zu wenig Unterstützung und wird instabil. Beides führt zu Schmerzen.

Am Übergang vom Brustkorb zum Lendenbereich ist der lange Rückenmuskel ebenfalls gefährdet. In diesem Bereich stützt sich das Pferd nach oben ab. Je mehr der vordere Brustkorb nach unten geht und sich auf die Vorderbeine stützt, desto stärker stützt sich das Pferd zum Ausgleich im Lendenbereich und auf der Hinterhand ab. Zum Vergleich können wir hier eine mit Sand gefüllte Schubkarre heranziehen. Ist vorn zu viel Sand, muss das Gewicht hinten ausgeglichen werden, sonst kippt sie einfach vornüber. Den Pferden geht es genauso: Sie können so ihr Gewicht verteilen, um nicht auf die Nase zu fallen. Ein Ausgleich ist nur möglich, indem die Lende nach oben zu einem sogenannten Karpfenrücken aufgewölbt wird. Das Pferd kann anatomisch zum Ausgleich nur die Lende nach oben frei wölben. Der Brustkorb mit seinen Rippen hingegen ist ein stabiles Korsett zum Schutz der Organe. Die Lendenwirbel wiederum haben zum Schutz der „Gedärme“ breite Seitendornfortsätze ausgebildet, die wie ein Flachdach eines Hauses fungieren. Ansonsten sind hier nur Bänder und Muskelaufhängungen. Das muss so sein, sonst könnte das Pferd die Hinterhand nicht bewegen oder das Becken kippen. Als Konsequenz haben die Pferde am Übergang von Brustkorb und Lendenbereich häufig Schmerzen, da hier zwei anatomische Extreme aufeinandertreffen.

Ist ein Pferd gesund, hat also keine akuten Verletzungen oder Schmerzen, kann auch Folgendes schleichend passieren: Beginnen Pferde sich aus irgendeinem Grund unwohl zu fühlen oder aufgrund irgendeiner Erfahrung unsicher zu werden, halten sie in aller Regel in erster Instanz die Luft an. In zweiter Instanz atmen sie über einen längeren Zeitraum oberflächlich und nicht mehr richtig durch. Das bedeutet: Sie ziehen sich auch mental in sich zurück, halten sich im Brustkorb fest und verengen diesen dadurch zusätzlich. Wenn dieser Zustand andauert, schieben die Pferde als Gegenpol die Lende nach oben, indem sie das Becken anziehen. So können sie Schmerzen, Angst und Unsicherheit fest- beziehungsweise aushalten. Diese dauerhafte Anspannung lässt den Lendenbereich verhärten und auch kalt werden, weil die Durchblutung stockt. Die Verhärtungen in der aufgewölbten Lende verleiten die Pferde wiederum dazu, sich im Brustkorb abzustützen und weiter abzusinken. So entsteht ein regelrechter Teufelskreis, in dem das eine immer wieder das andere überlagert.

Ein Festwerden oder Aufwölben des Lendenbereichs, bis hin zum sogenannten Karpfenrücken, bedeutet eine weitere erhöhte Spannung im Brustkorb-Lenden-Übergang. Das ist der Bereich, wo auch noch der Sattel endet. Teils ist der Muskel betroffen, doch häufig entstehen auch Schmerzen an der Wirbelsäule. Besonders interessant ist, dass hier an diesem Übergang auch der Assoziations-Akupunktur-Punkt des Magens liegt. Im Klartext heißt das: Hat der Magen selbst bis dahin keine Probleme, wird er mechanisch von außen nach innen gestresst. Früher oder später reagiert er über und bekommt Probleme. Das Sprichwort „Es schlägt einem auf den Magen“ hat definitiv seine Berechtigung.

Die zweite massive Schwachstelle ist dann der Übergang von der Sattellage zum Widerrist. Ab einer gewissen Belastung knickt hier die Wirbelsäule immer mehr ein. Das Pferd kann der Belastung nicht mehr standhalten. Der Mülleimer ist voll. Unwohlsein, Schmerzen und Widerstände sind die Folge. Ein weiterer interessanter Aspekt ist folgender: Hinter dem Schulterblatt am Widerrist liegt der Assoziations-Akupunktur-Punkt für die Lunge und im direkten Knick der Assoziations-Akupunktur-Punkt für das Zwerchfell. Das Pferd wird in der Lungen- und Atmungstätigkeit gleich doppelt unter Stress gesetzt. Zum einen mechanisch, da es den Rippenbogen nicht mehr weiten kann, zum anderen wird der Energiefluss gehemmt.

Was bewirkt das Putzen?
Schmerzen werden reduziert und es findet ein Ausgleichen der Assoziationspunkte von Lunge, Zwerchfell und Magen statt.
Keine Angst: Priorität hat das Anregen des Durchflusses. Egal, ob kreisend oder quer. Das heißt: Die Lungen- und Zwerchfell-Punkte, die „durch das Abgeknicktsein" zu wenig Durchfluss haben, werden aufgewärmt und angeregt. In der Konsequenz wird so die aufgestaute Energie am Magenpunkt bereits indirekt entlastet. Wird beim Magen-Assoziationspunkt mit kreisenden, quer- oder längsgerichteten Bewegungen geputzt, nehmen wir den punktuellen Schmerz heraus und verteilen ihn, sodass er abfließen kann.

Hinweis: Bei therapeutischen Maßnahmen sind die Richtungen sehr wohl wichtig und es wird ein ganz konkretes, auf den Patienten abgestimmtes Schema verfolgt. Beim Putzen am Rücken von vorn nach hinten folgen wir dem großen Körperkreislauf und gleichen so ein Zuwenig und Zuviel aus.
Dieses Abklingen der Schmerzen und Ausgleichen der Akupunkturpunkte geschieht über die Haut. Oftmals streuen sich die Schmerzen auch auf der Hautoberfläche, in den Faszien und im langen Rückenmuskel. Hier haben wir es im Besonderen auch mit den Triggerpunkten zu tun, die die Schmerzen von einer Stelle zur anderen weiterleiten. So hat der lange Rückenmuskel über die Jahre einen besonderen Stellenwert erhalten. Für uns heißt das: Putzen, um das Gewebe von Haut, Faszien und Muskulatur zu bewegen und zu verschieben und so den Teufelskreis zu durchbrechen. Auf diese Weise bereiten wir den Rücken darauf vor, dehnfähig für die nachfolgenden Bauchübungen zu werden.

8. Die Kruppenregion

Nun geht es zu den Kruppenmuskeln, den großen Bewegungsüberträgern, mit dem wichtigen Verbindungsglied am höchsten Punkt der Kruppe: dem sogenannten Lumbosakralgelenk oder auch Lendenkreuzbeingelenk. Dieser Übergang verdankt seinem Namen der Tatsache, dass hier die Lendenwirbel enden und das Kreuzbein als Teil der Wirbelsäule beginnt.

Vorgehensweise:

- In kleinen und großen Kreisen wird geputzt. Hier befinden sich die Muskelenden des langen Rückenmuskels und der Lendenmuskulatur. Da die Kruppe der Gegenpol zum Brust-/Trapezbereich ist, wirken hier starke Zugkräfte auf die gesamte Kruppe ein. Das heißt: Sobald ich diese neue Region „ankreise", gehe ich zu leichtem Druck über und verstärke diesen dann von Mal zu Mal.
- In kleinen und großen Kreisen geht's weiter. Hier befinden sich die Ausläufer der Lendenregion. Der höchste Punkt der Kruppe ist das Verbindungsstück der Hinterhand nach vorn. Als Ausläufer der Lendenmuskulatur sind diese mit den Ausläufern der Rückenmuskulatur in indirekter Verbindung. Das bedeutet: Am Lendenkreuzbeingelenk zieht nicht nur die direkte Lendenmuskulatur, sondern in Verlängerung auch der lange Rückenmuskel. Das heißt auch hier: Wenn ich diese Region „ankreise", gehe ich zu leichtem Druck über und verstärke diesen dann immer mehr.
- Ich mache meine Druckstärke davon abhängig, was meine linke Hand, mit der ich Kontakt halte, mir als Rückmeldung gibt. Anspannen heißt: Es ist unangenehm und die Verspannungen sind noch zu stark. Dann nehme ich Druck raus. Locker und entspannt bleiben oder sich in die Bürste hineindrehen und genießen, bedeutet: Ich kann den Druck erhöhen.
- Im zweiten Schritt möchte ich Bewegung in die Kruppe hineinbringen. Wie schon erwähnt, beheimatet die Kruppe das wichtige Gelenk namens Lendenkreuzbeingelenk und das von Muskulatur verpackte Becken. Beide sollten nach vorn als auch nach hinten beweglich sein. Durch Kreisen und Querputzen mit relativ starkem Druck veranlasse ich das Pferd, zuerst die Hinterhand nach hinten herauszustrecken. So öffnet sich das Becken und

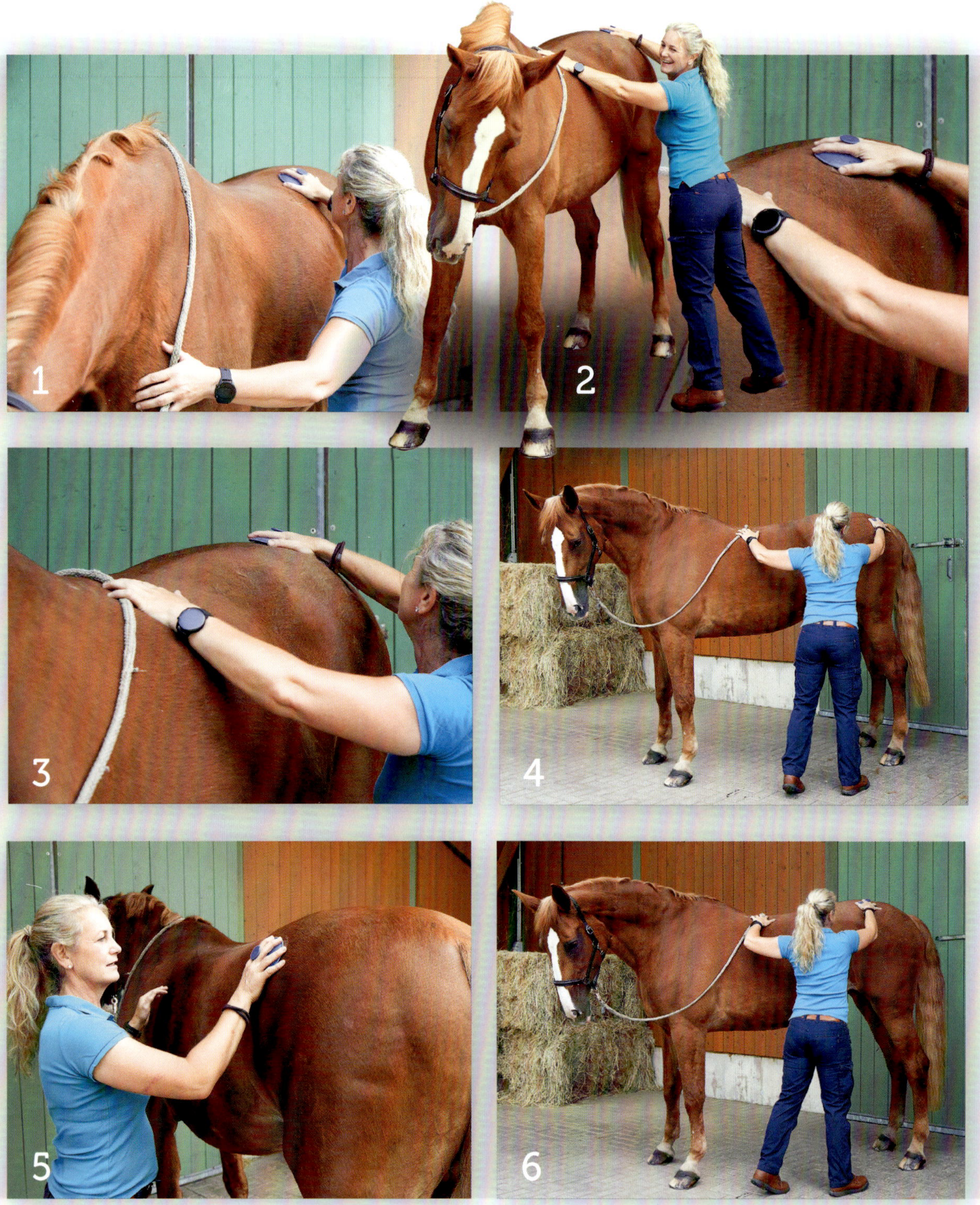
1
2
3
4
5
6

das Lendenkreuzbeingelenk kann sich schließen. Anschließend veranlasse ich das Pferd, die Hinterhand heranzuziehen und so das Becken zu kippen. Dazu putze ich im Bereich des Kreuzbeins in Richtung Schweif. So kehrt sich das Ganze um: Das Becken schließt sich und das Lendenkreuzbeingelenk öffnet sich wieder. Das Resultat: Beweglichkeit in der Hinterhand und eine dehnbereite Muskulatur.

- Bei der Hüfthöckerregion heißt es wieder aufpassen. Hier liegen empfindliche knöcherne und kantige Strukturen an der Oberfläche. Zudem befinden sich an dieser Stelle sehnige Muskelansätze, die sehr oft unter Spannung stehen und demzufolge schmerzhaft sind. Je nach Spannungsgrad und Empfindungen des Pferdes kann es auch zu reflexartigem Abwehrverhalten kommen. Sollte dies geschehen, gehe ich zurück zu einer dem Pferd angenehmen Region im Kruppenbereich. Von dort aus beginne ich erneut, mich mit reduziertem Druck zur Hüftregion vorzuarbeiten. Eine kurze Einheit am Hüfthöcker und wieder zurück zur Kruppe, bis das Pferd Vertrauen gefasst hat und nach und nach das Putzen auch dort als angenehm empfindet.

Was steckt dahinter?

Die Kruppe ist der Gegenpol zum Bereich Widerrist-Brustkorb. Je tiefer dieser zwischen den Schulterblättern hängt und je größer der Knick in der Widerrist-Rückenlinie ist, desto mehr stützt sich das Pferd in der Lende und Kruppe sichtbar ab.

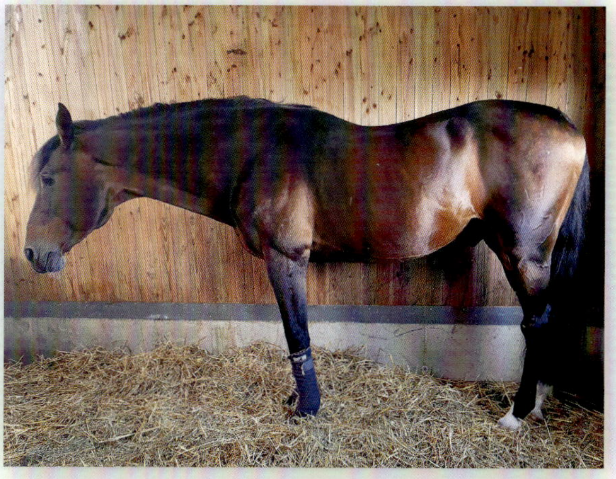
Hängender Rücken (ganzes Pferd)

Oft ist eine Aufwölbung bis hin zum Karpfenrücken in der Lendenregion zu sehen. Die Muskulatur der Lendenregion verspannt sich mehr und mehr. Zudem führt dies zu massiven Spannungen im oberen Kruppenbereich. Der Übergang vom Lendenbereich zum Kreuzbeinbereich kommt durch diese andere Körperhaltung ebenfalls stark unter Spannung, ebenso auch das Iliosakralgelenk („Kreuzdarmbeingelenk“).

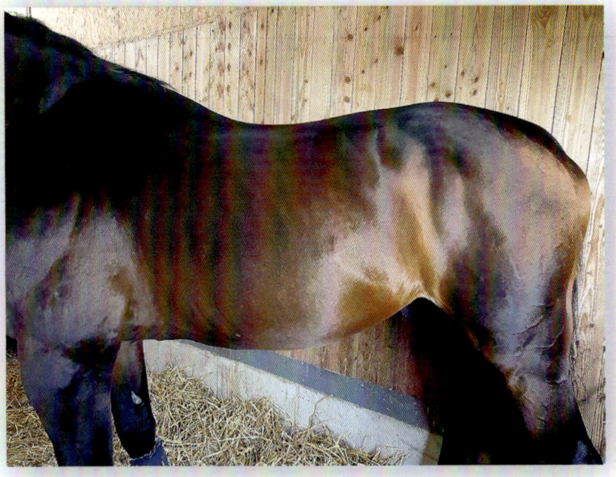

Normale Haltung: flache Widerrist-Rückenlinie, gerader Bau

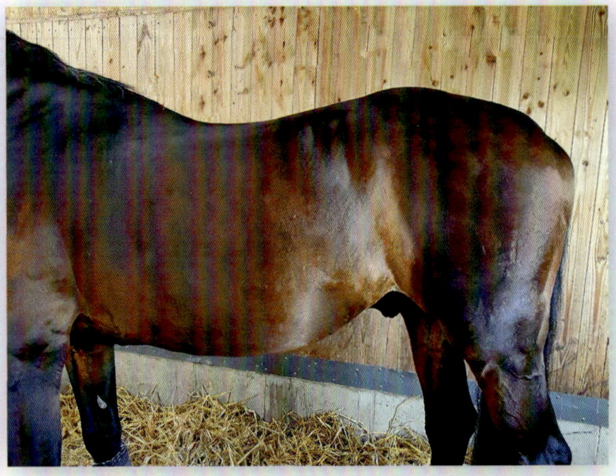

Abgesunkenene Brustkorb: Übergang nach Widerrist tiefer, der hintere Bauch beginnt nach unten zu sinken

Das sogenannte Lumbosakralgelenk, das Lendenkreuzbeingelenk, stellt hier eine anatomische Besonderheit dar.
Die Dornfortsätze der Lendenwirbel zeigen nach vorn und die Dornfortsätze des Kreuzbeins zeigen nach hinten. So driften die Dornfortsätze, je nach der auszugleichenden Tiefe des Brustkorbs, beider Abschnitte von Lende und Kreuzbein auseinander und dieser Übergang „öffnet" sich, oftmals auch als typische Löcher am höchsten Punkt der Kruppe zu sehen.

Offenes Lumbosakralgelenk, an der Delle erkennbar

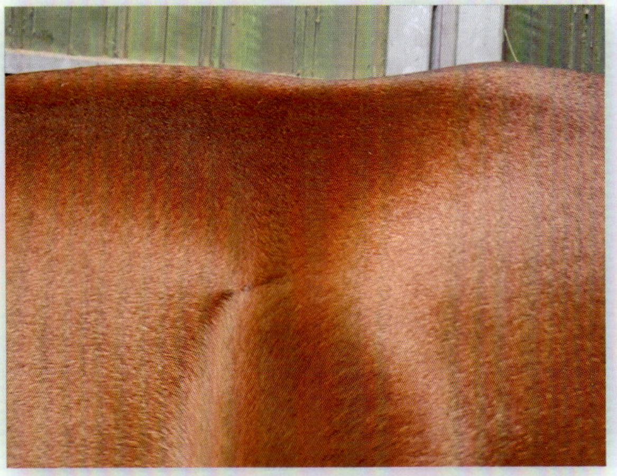

Das Iliosakralgelenk, das „rahmengebende" knöcherne Element des Beckens wird aufgrund der massiven, ausgleichenden Spannungen, die das Pferd aufbringt, festgestellt. Durch dieses Feststellen und oftmalige einseitige Kompensieren kann das Pferd keine Kraft mehr von der Hinterhand nach vorn übertragen. Hinzu kommt, dass die Pferde den hinteren Teil der Kruppe mit der hinteren Hinterhandmuskulatur dazu benutzen, den Lendenbereich in seiner Aufgabe zu unterstützen – unterstützen beim Aus-

balancieren von vorn, sodass sich das Pferd in der Waagerechten halten kann und nicht nach vorn fällt. Der gesamte Bereich hält mit Dauerspannung dagegen. Dazu stellen die Pferde die Hinterbeine oft zu weit unter den Körper. So bekommen sie einen einigermaßen sicheren Stand, aber falsche, dauerhafte Spannungen entstehen. Was wir nicht sehen können: Das Becken ist nun massiv festgestellt und unbeweglich.
Dies ist mit folgender Situation vergleichbar: Ein Mensch hält oben am Berg ein Seil und am anderen Ende hängt ein Gewicht, das über die Steinklippen nach unten ins Tal fällt. Um dies zu verhindern, stützt sich der Mensch mit seinem Gewicht dagegen. Alles kommt unter Zug und Spannung und so bleibt alles „an seinem Ort“. Ein dauerhaftes Gegenhalten führt allerdings in der Muskulatur des Menschen zur Ermüdung, danach zur Übersäuerung und im weiteren Verlauf zu Verhärtungen und Verkürzungen. Auch das Seil, das wir den Faszien gleichsetzen können, wird in seinem Gewebe „ermüden“. Es wird spröde werden und irgendwann reißen. Die Schwachstellen werden sicherlich die Hände des Menschen sein. Diese können wir gleichsetzen mit der immer wiederkehrenden Diagnose: Fesselträgerursprung-Schaden aufgrund von Überlastung. Die Überlastung wird oftmals auch hervorgerufen durch eine ineffiziente Körperdynamik. Die Hüfthöcker-Region mit ihren Knochenvorsprüngen ist häufig sehr empfindlich, da hier große Muskeln ansetzen. Zum einen nach hinten Richtung Hüftgelenk und Knie, zum anderen setzen hier auch die Bauchmuskeln an, die wiederum mit ihrem Gewicht nach unten und vorn ziehen. Der Vergleich mit der Bergklippe, über die das Seil verläuft, stellt dies wohl am besten dar. Hier zieht auf der einen Seite der Klippe das Gewicht nach unten und der Mensch zieht auf der anderen Seite dagegen. Auf das Pferd übertragen, können wir zusammenfassend sagen: je tiefer und geknickter der Brustkorb, desto höher und gekippter die Kruppe. Deshalb sehen die Pferde fälschlicherweise auch überbaut aus!

Was bewirkt das Putzen?
Wichtig ist, das Pferd immer wieder im Ganzen zu betrachten. Beim Putzen des Rückens haben wir die Unterversorgung des Lungen-Assoziationspunkts angeregt und indirekt den überreizten Magen-Assoziationspunkt beruhigt. Ähnlich verläuft es hier: Durch das Putzen des vorderen Körperbereichs haben wir diesen entlastet und so indirekt auf die Kruppe und die Hinterhand eingewirkt.

Die Zug- und Spannungsverhältnisse werden weniger. Das Becken und das Lendenkreuzbeingelenk werden beweglicher. Die Muskulatur, die dauerhaft gegengehalten hat, kann sich entspannen.
Häufig hört man auch ein Knirschen oder Knacken in den Ausläufern des Kreuzdarmbeingelenks, dessen Enden direkt hinter dem Lendenkreuzbeingelenk seitlich hochkommen und teilweise links und rechts der Wirbelsäule sichtbar sind. Das Knirschen und Knacken bedeutet: zurück zur Beweglichkeit!

Und jetzt wird es noch besser: Durch diese Beweglichkeit und Entspannung der oberen Partien wird die gesamte Hinterhand freier. Das Pferd wird durch die bereits stimulierten Bereiche beginnen, ein anderes Gefühl für die Hinterhand zu entwickeln. Die jetzt folgenden Bereiche zur Hinterhand und zum Abdomen vertiefen dieses wiedergewonnene Gefühl, sodass sich ein besserer Bewegungsablauf einstellen sollte.

9. Die seitliche Kruppenmuskulatur

Nun kommen wir zu den seitlichen Bereichen, die Teil der Schub- und Tragemuskeln sind.

Vorgehensweise:
- Ich halte etwas Abstand, da Pferde auch gern mal seitlich austreten. So bin ich relativ sicher, kein „Autogramm" meines Pferdes zu bekommen.
- Hier in diesem Bereich der Hinterhand mit den großen Muskelgruppen empfinden sie das Putzen als wirkliche Massage. Ausgehend von leichtem Druck kann ich ziemlich schnell zu mittlerem und starkem Druck übergehen.

Was steckt dahinter?
Als Bewegungsantreiber des Körpers, der Schub- und Tragkraft, sind diese Muskeln maßgeblich an der Fortbewegung beteiligt. Verschlechtert sich allerdings die Körperhaltung oder es entstehen Entzündungen, allen voran Entzündungen im Hüftgelenksbereich, kompensieren dies Pferde, indem sie diese Muskeln dauerhaft anspannen.
Kompensieren heißt, über die Maßen zu arbeiten und ohne Pause, um so den

Körper zu stützen oder Schmerzen abzufangen. So vermeiden sie weitere Schmerzen, die in der Bewegung entstehen würden. Die andere Kompensationsform ist das Stützen, Abstützen beziehungsweise Gegenstützen einer unausbalancierten beziehungsweise schlechten Körperhaltung. Hierbei verspannen sich die Bereiche der seitlichen Kruppenmuskulatur ebenfalls dauerhaft, da sie dauerhaft Gegenhalten müssen. Wir dürfen hier an dieser Stelle nicht vergessen, Pferde liegen nur wenige Stunden und das reicht nicht, damit sich die Muskulatur wieder erholen und entspannen kann. Im späteren Verlauf verhärten sich die Muskeln oft sichtbar und werden deutlich dicker im Umfang. So bleibt das „Ziel" nach wie vor bestehen, Schmerzen auszuhalten und nicht vornüber zu fallen.
Die Verhärtungen und Verdickungen haben zur Folge, dass die Gelenke steifer werden. Die Muskeln sehen aus, als wären sie zu einem großen Muskel zusammengewachsen, die Grenzen einzelner Muskeln sind verschwommen.

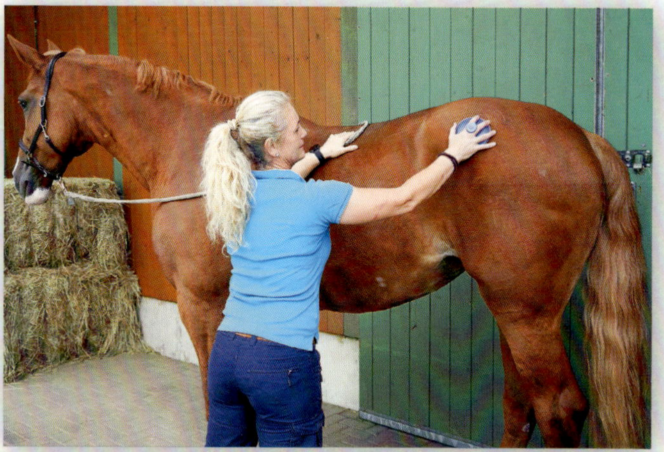

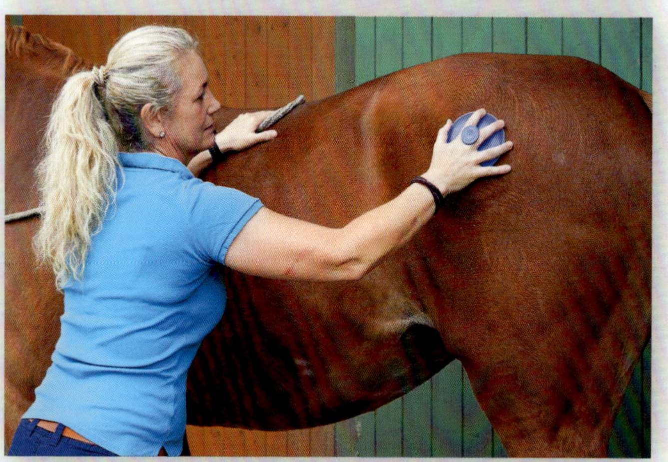

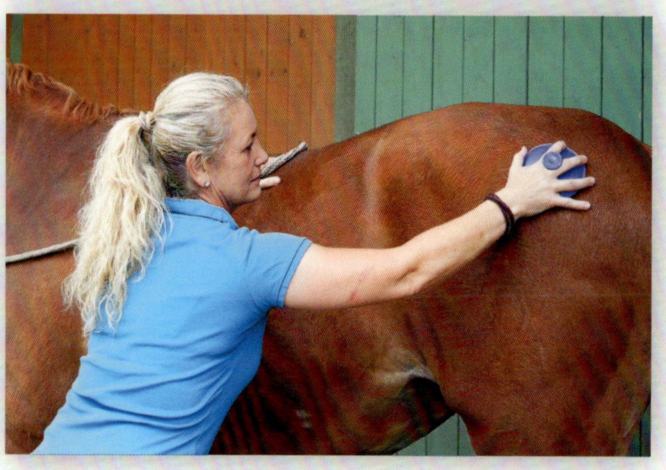

Verklebungen in den Faszien verstärken dies. So wird nicht nur der

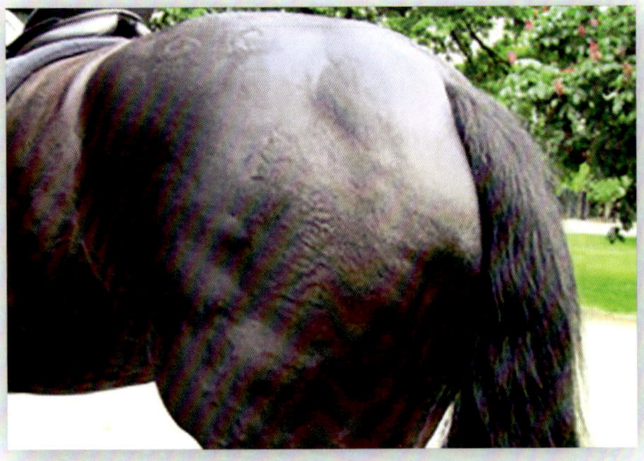

Hier erkennt man starke Verdickungen der Muskulatur und Verklebungen der Faszien.

Blutkreislauf gehemmt, sondern auch der Lymphfluss. Die Lymphflüssigkeit gelangt zwar nach unten, aber nur erschwert und gehemmt nach oben. Schwellungen an den Fesselgelenken oder Sprunggelenken können eine Folge sein.

Was für den Bewegungsapparat und seine Muskeln essenziell ist, sind die elektrischen Impulse des Ischiasnervs. Auch diese geraten ins Stocken und die Muskulatur in den unteren Extremitäten wird schlechter versorgt. Schlechte Impulsversorgung kennt der eine oder andere vielleicht selbst. Anfangs zeigt es sich in Kribbeln, Taubheitsgefühl, eingeschlafenen Fingern oder Füßen. Eine Kombination aus Steifheit und schlechter Nervimpuls-Versorgung führt oftmals zum Stolpern.

Was bewirkt das Putzen?
Das Auflockern verbessert die „Muskel-Faszien-Nerv-Qualität" sowie die Gelenkbeweglichkeit und den generellen Durchfluss.
Muskulatur, welche „verdickt", wie zum Beispiel hier die seitliche Kruppenmuskulatur, wird schlechter durchblutet. Folgen sind trotz Volumen und Kraft schnelles Ermüden, Muskelübersäuerungen und eingeschränkte Leistungsfähigkeit. Messungen bei einem Menschen haben ergeben, dass eine leichte Beugung der Beine mit einer Kniewinkelung von nur 20 Grad im angespannten Oberschenkelmuskel bereits eine Reduzierung der Durchblutung um 30 Prozent ergibt. Das heißt, das Blut als Transportmittel für Sauerstoff und Kohlendioxid sowie für Nährstoffe in die Muskulatur wird stark gehemmt. Achten wir nun darauf, dass diese Muskulatur weich und locker wird und dann auch bleibt, verhindern wir schnelles Ermüden. Wenn ein Muskel trainiert wird, kommt es zu Muskelkater. Allerdings ist die Erholungszeit durch die Putzmassage deutlich kürzer. Die Leistungskurve bleibt viel beständiger.

Die Faszien sind eher blutarm, dafür haben sie einen hohen Wasseranteil. Durch das Putzen wird hier im faszialen Gewebe Flüssigkeit herausgedrückt und neue, frische Flüssigkeit kann einfließen. Das bedeutet eine deutlich bessere Elastizität im Gewebe.

Lockerung und Weichheit im Gewebe bedeuten mehr Elastizität! Elastisches Gewebe wiederum lässt alles besser fließen und gibt mehr Platz – Platz für Gefäße, Gelenke und Nervenbahnen.

Gefäße können sich weiten und das Blut fließt deutlich einfacher. Die Gelenke profitieren ebenfalls enorm von der Elastizität und Dehnbereitschaft der seitlichen Kruppenmuskulatur. Eine deutlich bessere Beugung und Beweglichkeit werden möglich. Gerade Hüftgelenk und Sprunggelenk sind oft in ihrer Beugung und im Anwinkeln eingeschränkt. Das hat im Gegenzug eine Überlastung der Knie- und Fesselgelenke zur Folge. Schwellungen und Gelenkgallen bilden sich dort gern. Durch die Elastizität wird ein Gleichmaß aller Gelenke hergestellt, wodurch diese lange gesund bleiben können.
Zur Steuerung der Bewegung steht vor allem der Ischiasnerv als Kabelverbindung zur Muskulatur im Vordergrund – wie das Stromkabel zur Lampe. Ohne Stromleitung kein Licht, ohne Nervenleitung keine Aktion in der Muskulatur. Der Ischiasnerv entspringt beidseitig aus dem Lenden-Kreuzbein-Geflecht, im Becken zu den Beinen. Er ist der längste und dickste Nerv, im Querschnitt an seiner dicksten Stelle bis zu 5 bis 6 Zentimeter. Bei solch einem Umfang ist es umso wichtiger, eine weiche und lockere Muskulatur zu haben. Beim Wechsel von einer festen zu einer weicheren Muskulatur werden die Reizleitungen wieder frei. Zuerst fühlt es sich wie ein unangenehmes Ameisenkribbeln an, dann fließt Wärme ein und am Schluss ist es das Schönste, wenn sich alles wieder „normal“ anfühlt.

10. Die Hüftgelenksregion

Die Hüftgelenksregion leidet oft still und ihr Leiden wird nicht als solches erkannt.

Vorgehensweise:

- Das Hüftgelenk ist das größte Gelenk und die umliegenden Strukturen können gereizt sein, auch hier ist es ratsam, vorsichtig zu sein und Abstand zu halten.

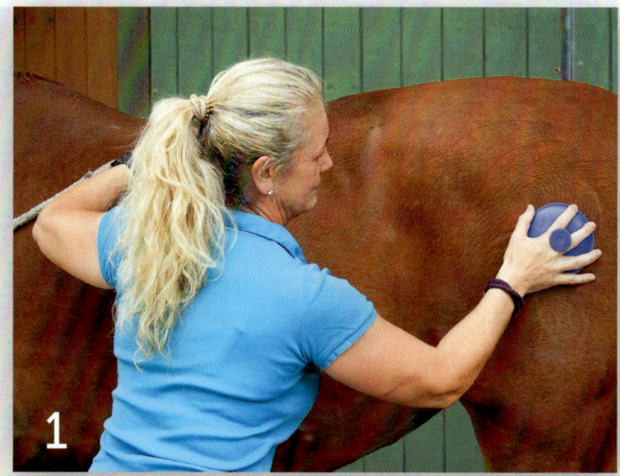
1

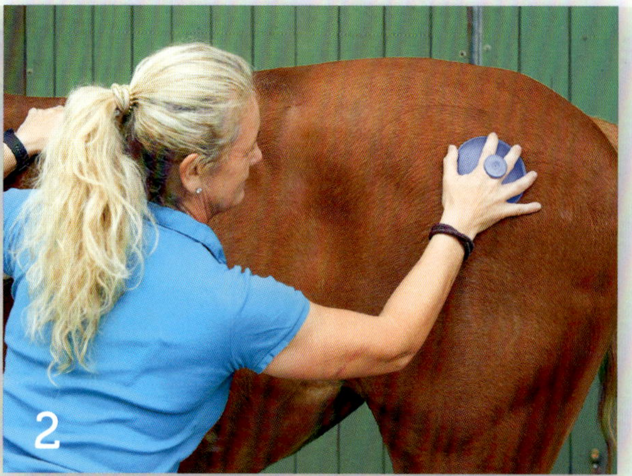
2

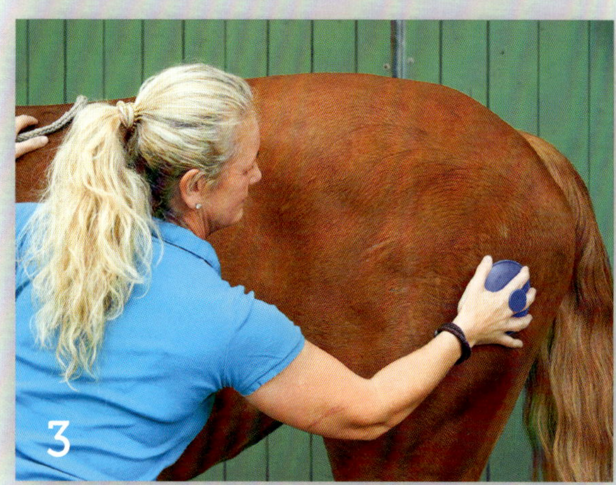
3

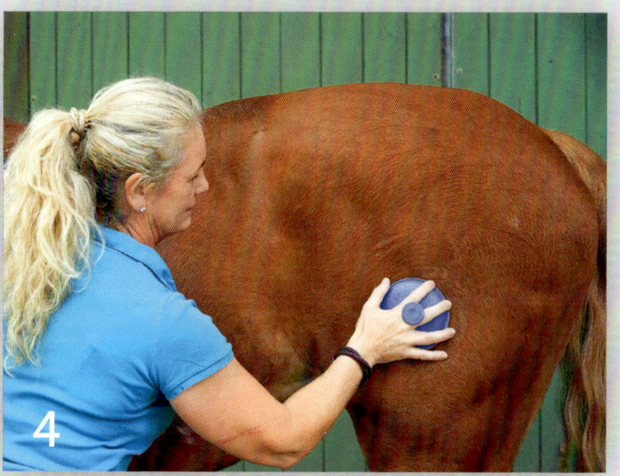
4

5

- Ich beginne leicht das gesamte Gewebe zu massieren.
- Großzügig beziehe ich die gesamte Region mit ein und massiere es in die Tiefe, bis ich ein zufriedenstellendes Resultat erreiche.

Was steckt dahinter?
Als still Leidender „meckert“ das Hüftgelenk nicht. Sprich, das Pferd zeigt in den seltensten Fällen offensichtliche Anzeichen für Schmerzen und Unbehagen. Hüftproblematiken werden oft übersehen. Kommt es zu Lahmheiten, sind immer andere Strukturen übergreifend beteiligt, die die Lahmheiten schlussendlich auslösen. Das Hüftgelenk ist ein großes Kugelgelenk, gut eingebettet und somit sicher und stabil.

Es beginnt mit leichten Entzündungen. Sei es nun aufgrund direkter Überlastung oder auch indirekt durch Ausweichbewegungen. Zudem wird das Gelenk häufig durch die verkürzte „Hosenmuskulatur“ nach hinten von der Körpermitte weggezogen. Durch diese Verkürzungen ist der Gelenkkopf nicht mehr gleichmäßig in der Gelenkpfanne eingebettet und der Bewegungsradius stärker nach hinten als nach vorn ausgerichtet. Eine Steifheit des Hüftgelenks in der Beugung nach vorn stellt sich ein.
Pferde kompensieren diese Überlastungen auch noch auf eine andere Art und Weise. Sie wölben die Lende nach oben und über das Kippen des Beckens können sie die Hinterbeine wieder zur Körpermitte bringen. Augenscheinlich sieht es so aus, als wäre alles in Ordnung. Doch ein Anheben des Beins und Beugen des Hüftgelenks zeigen dieselbe Steifheit. Zusätzlich ist oft die seitliche Beweglichkeit eingeschränkt, tendenziell mehr nach außen als nach innen. Ein Kugelgelenk bleibt gesund und „lebt“ davon, wenn der gesamte Bewegungsradius möglich ist. Das heißt nicht nur nach hinten, sondern auch nach vorn und seitlich in die Rotation.

Unsere Hüftgelenke sind identisch mit denen der Pferde. Wir bewegen unsere Hüftgelenke ebenfalls sehr eingeschränkt. Mit dem kleinen Unterschied, dass wir die Hüftgelenke durch das Sitzen vermehrt nach vorn zum Körper hin benutzen und zu wenig nach hinten oder seitlich. Wir selbst sollten zum Gehen öfters mal einen „Charlie-Chaplin“-Gang abwechselnd mit einem „Pippi-Langstrumpf“-Gang einlegen. Diese Kombination aus „Charlie Chaplin“ – mit den

Zehen nach außen gedreht gehen – und „Pippi Langstrumpf" – mit den Zehen nach innen gedreht gehen – führt uns vor Augen, wie eingeschränkt wir unsere Hüftgelenke benutzen. Gleichzeitig ist es eine schöne Übung, mit der wir unsere eigenen Hüftgelenke gesund und geschmeidig halten können.

Entzündungen beim Pferd zeigen sich gern durch Ausweichen beim Putzen direkt auf oder oberhalb des Hüftgelenks. Schattierungen, die längs über das Hüftgelenk verlaufen (wie im Bild markiert) sind dann definitiv Anzeichen für Irritationen. Diese Schattierungen sind eine Verhärtung des Muskelanteils, des sogenannten *Musculus biceps femoris*. Meine Erfahrung ist, dass sich dieser Muskel kompensatorisch verhärtet, wenn das Hüftgelenk betroffen ist.

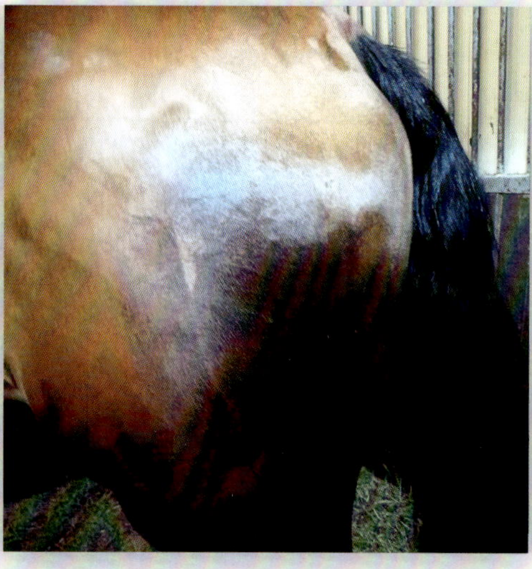

Nach 20-minütigem Kühlen mit einem nassen Handtuch zeichnet sich im nassen Bereich eine helle Stelle ab. Diese war viel heißer als das umgebende Gewebe und so wurde klar: Dieses Pferd hatte eine Entzündung im Hüftgelenk.

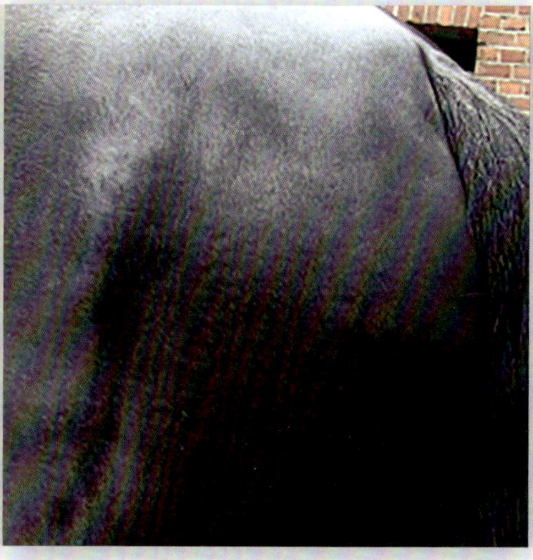

Eine unentdeckte ehemalige Hüftgelenksentzündung. Umso länger eine Entzündung vorhält, umso mehr wird das umgebende Gewebe in Mitleidenschaft gezogen, und wie hier zu sehen ist, verhärtet sich der Muskelbauch des Bizeps-Femoris, welcher über dem Hüftgelenke verläuft.

Was bewirkt das Putzen?
Erkennen von verdeckten Hüftgelenksproblemen und Entlasten der Hüftgelenksregion.

Diese Verhärtungen schützen zwar das Hüftgelenk, schränken jedoch die Elastizität der Muskulatur und eine gleichmäßige Beweglichkeit der Gelenke ein. Der *Musculus biceps femoris* verdickt sich im Hüftgelenksbereich. Aber **Achtung**: An seinem Ursprung oben neben dem Kreuzbein auf der Kruppe wird er schwächer und schrumpft. Eine Kraftübertragung nach vorn in die Lenden-Rücken-Partie ist eingeschränkt und abgeschwächt. Wir sprechen dann oft davon, dass das Pferd eine weiche, wenig tragfähige Hinterhand hat. Genau genommen ist „nur" dieser obere Bereich zu schwach und das Pferd hat so wenig Chancen, sich wirklich zu tragen oder zu setzen. Wir haben über die Länge des Muskels gleich zwei Komponenten. Der eine Teil am Hüftgelenk ist in die Bewegung involviert, der andere obere Anteil sollte die Kraft nach vorn in die Lenden-Rücken-Partie übertragen.

Durch das Putzen der Hüftregion entlasten wir diesen Bereich. Die Spannungsschmerzen direkt am und oberhalb des Gelenks werden weniger. Die Verhärtungen lösen sich und der Muskel bekommt seine gesamte Funktionsfähigkeit bis nach oben hin zurück. So kann er wieder als Einheit arbeiten und das Pferd kann sich anschließend freier und leichter bewegen. Bestehende Gelenkentzündungen reduzieren sich und dem Auftreten neuer Entzündungen kann Einhalt geboten werden.

11. Die obere „Hosenmuskulatur"

Weiter geht's zum oberen Teil der Hosenmuskulatur.

Vorgehensweise:

- Über die seitliche Kruppenmuskulatur und die Hüftregion „taste" ich mich zu der sehr langen Hosenmuskulatur vor.
- Im oberen Teil zwischen Schweifansatz und Sitzbeinhöcker sind die Pferde ebenfalls recht empfindlich und es ist Vorsicht vor einem Austreten geboten. Deshalb bleibe ich auch hier unbedingt seitlich des Pferdes.
- Diesen Bereich putze ich nun überwiegend quer zur Muskulatur bis zum Sitzbeinhöcker mit leichtem zu anschließend mittlerem Druck.

Was steckt dahinter?

Dieser Bereich zwischen Kreuzbein und Sitzbeinhöcker verkürzt sich eigentlich immer.

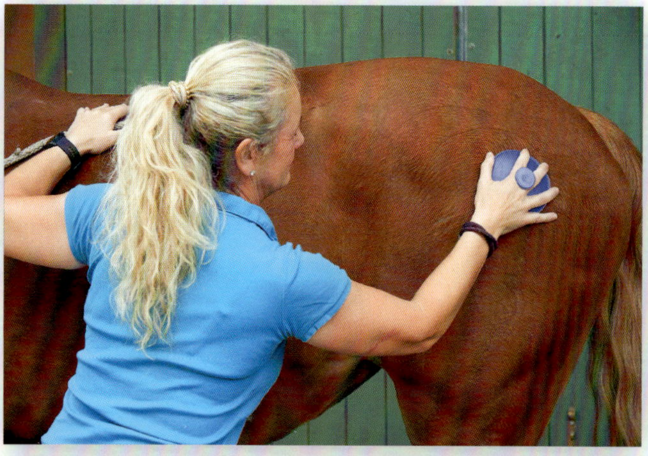

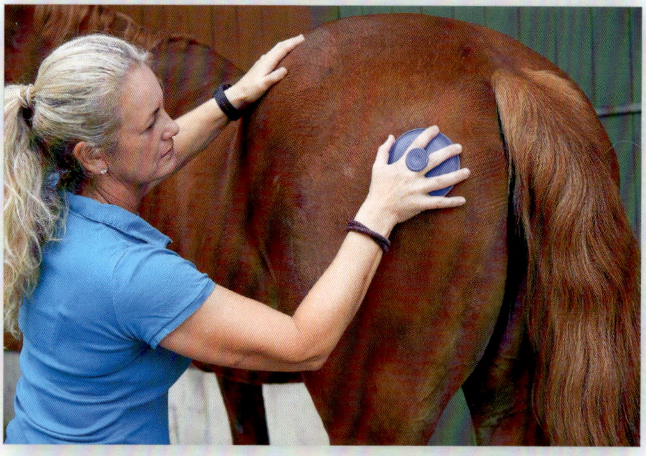

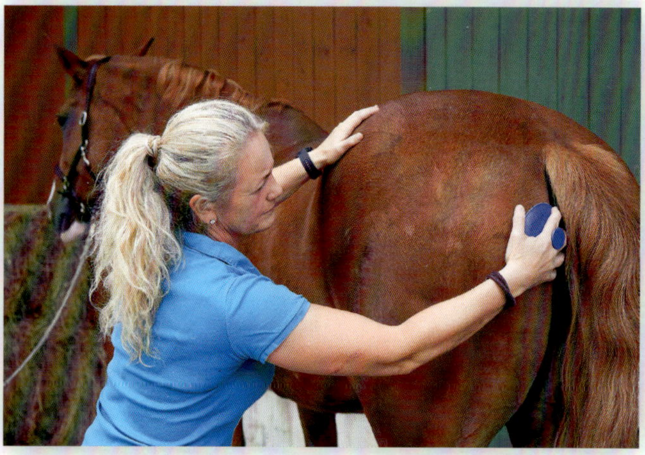

Hier haben wir nun eine kritische Stelle. Bleiben wir bei dem Beispiel des Menschen, der auf dem Berg steht und mit einem Seil dem Gewicht am Ende des Seiles gegenhält. Das Seil zwischen den Händen des Bergsteigers und der Bergkante kommt hier massiv unter Spannung, da ja das Gewicht am Ende des Seiles hängt. Anatomisch gesehen ist das beim Pferd ähnlich. Der Bereich am Kreuzbein ist der Berg, der Bergsteiger ist die ansetzende Muskulatur und die Muskulatur selbst kommt dem Seil gleich. Die Hosenmuskulatur läuft über den Sitzbeinhöcker weiter nach unten, wie das Seil über die Bergkante dies ebenfalls tut. Nun zur Funktion der Sitzbeinhöcker: Sie sind ein Knochenvorsprung und können als Umlenkrolle betrachtet werden. Eine Umlenkrolle hat die Funktion, entstehende Kraft in eine andere Richtung zu ändern. Der Hauptanteil der Hosenmuskulatur ist unterhalb des Sitzbeinhöckers. Dort wird die Kraft im Muskel gebildet. Wäre der Sitzbeinhöcker als Umlenkrolle nicht da, würde diese Kraft nur nach oben gehen und verpuffen. Durch die Funktion der Sitzbeinhöcker als Umlenkrolle wird die Richtung dieser Kraft, welche Teil der Schub- und Tragkraft ist, über

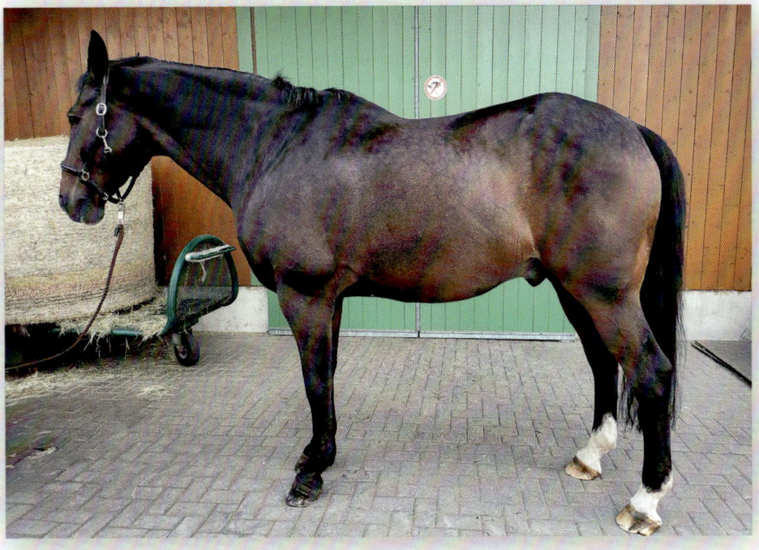

Umso kantiger und tiefer der Rücken, umso höher und kantiger (wie hier) wird die Kruppe. Die Kraft der Hinterhand verpufft nach oben über die Kruppe und Lende hinaus. Sie geht nicht nach vorn weiter.

den Sitzbeinhöcker nach vorn umgeleitet, in den Rücken hinein. Das Pferd hebt sich dadurch auch vorn an und die Bewegung geht über den Rücken nach vorn durch. Das ist der Idealzustand. Bei einer schlechten Körperhaltung, welche einen hängenden Brustkorb aufweist, wölbt sich der Lendenbereich auf und das Pferd muss zum Ausbalancieren das Becken feststellen. Die ideale Mechanik ist nicht mehr möglich und die gebildete Kraft verpufft nach oben hinaus, was durch eine hohe Kruppe erkennbar wird. Durch diese verstärkten Zugverhältnisse zwischen Kreuzbein und Sitzbeinhöcker werden sie sehr empfindlich.

Was bewirkt das Putzen?
Es bewirkt die Lockerung der Muskulatur.
Dadurch ist diese nicht mehr so fest und wird elastisch. Außerdem verringern sich über das seitliche Bewegen des Sitzbeinhöckers durch das Querputzen die Spannungen an den Muskelansätzen zum Kreuzbein. Gleichzeitig werden das Becken und das Hüftgelenk passiv mobilisiert und beweglicher.

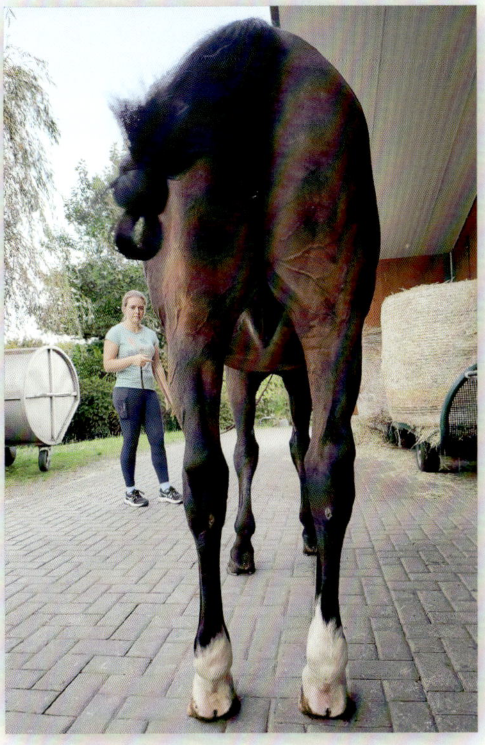

Die „Hosenmuskulatur" muss Gegenstützen und wird (wie hier) breiter, empfindlicher und verspannt sich oft stark.

12. Die untere „Hosenmuskulatur"

Rhythmisch geht's über den Sitzbeinhöcker mit Bedacht weiter nach unten.

Vorgehensweise:

- Diese weitere Region beginne ich zuerst mit leichtem Druck zu putzen. Unterhalb des Sitzbeinhöckers kann das Pferd am Übergang vom Knochenvorsprung zur Muskulatur immer wieder aufs Neue empfindlich sein.
- Ich wechsle nun zwischen Querputzen und Kreisen ab, um die Strukturen wirklich gänzlich zu erfassen, denn hier verlaufen sehr viele verschiedene, von Faszien umhüllte Muskeln nach oben.
- Vor allem im hinteren unteren Bereich ist die Toleranzschwelle der Pferde sehr unterschiedlich ausgeprägt. Deshalb ist Vorsicht geboten. Über leichten Druck variiere ich zu mittlerem und wieder zurück zu leichtem Druck.

Was steckt dahinter?

Dies ist der untere Bereich – die andere Seite der Bergkante. Je nach Spannungsausprägung ist er weniger oder mehr betroffen. Hat das Pferd geringe Wölbungen nach oben und unten im Rumpf, dann ist er weich. Mit zunehmender S-Kurve oder Schmerzen nimmt das Pferd diesen unteren Bereich zum Stützen zu Hilfe. Faszien kommen hier stark unter Zug. Dies führt zu schmerzhaften Verspannungen und weiterem Ziehen entlang der Rückseite des Beins bis zum Huf. Das Pferd kann das Sprunggelenk schlechter beugen. Oft sieht man während der Belastungsphase am Boden in der Bewegung ein Ausweichen des Sprunggelenks nach außen. Ist das Bein wieder in der Luft, springt das Sprunggelenk wieder zur Mitte zurück. So kommt es gewissermaßen zu vielen Bewegungen in die vielen und kleinen Gelenkflächen des „Gesamtkonstrukts Sprunggelenk". Entzündungen sind die Folge, was sich im weiteren Verlauf zu einem Krankheitsbild namens „Spat" ausprägen kann. Nicht nur das Sprunggelenk leidet, sondern auch die direkt darunterliegenden Sehnen. Diese haben eine vermehrte dauerhafte Spannung und sind dadurch auch für Verletzungen anfälliger. Durch diese Fehlbelastung kann auch das Fesselgelenk beeinträchtigt werden. Teilweise reagieren die Pferde mit Schwellungen an diesem Gelenk und mit Einschränkungen der Beweglichkeit. Der Huf selbst zeigt im frühen Stadium ein ungleiches Wachstum. Weisen

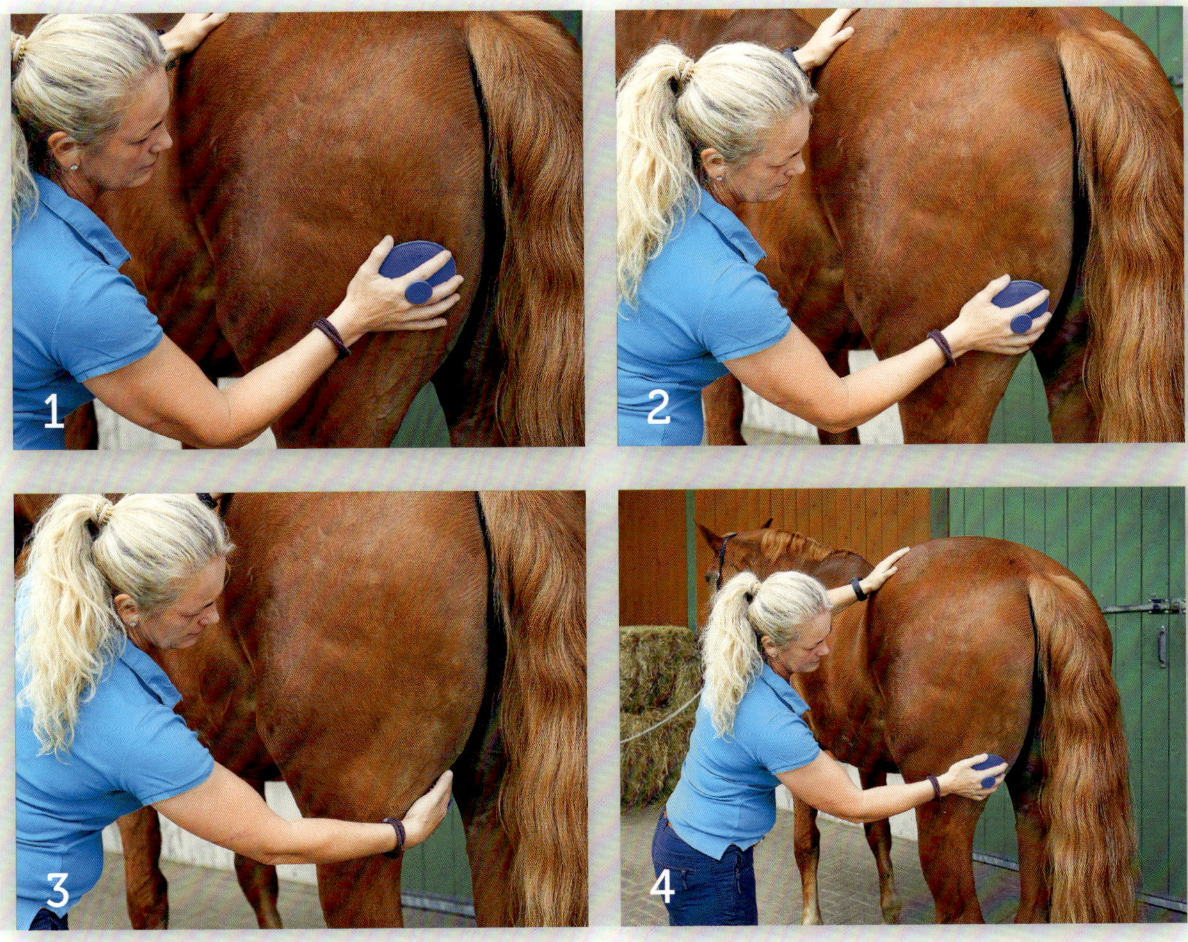

Pferde über viele Jahre hinweg diese Fehlbelastungen auf, bilden sie im Alter im Fesselgelenk und im Hufbereich oft Gelenkarthrosen aus.

Was bewirkt das Putzen?

Einen runden und gesunden Bewegungsablauf und Auflockerung und Elastizität der Muskulatur und der Faszien für eine bessere Gelenkfunktion

Die Faszien umfassen die einzelnen Muskeln wie eine Hose unsere Beine. Am Ende laufen die Faszien zusammen zur gewaltigen Achillessehne. Diese endet auf der Rückseite des Sprunggelenks. Durch das Putzen wird die Muskulatur elastischer und kann sich verlängern. Die Achillessehne und die unterhalb des Sprunggelenks verlaufenden Sehnen sind wieder deutlich besser in ihrer Gleitfähigkeit. Die Beugung des Sprunggelenks wird so in vollem Umfang wieder möglich. Ein Ausweichen nach außen reduziert sich. Damit bleiben die Gelenke besser übereinander im Lot. Das Pferd kann das Fesselgelenk gleichmäßig belasten und das Hufwachstum wird sich ebenfalls verändern und ausgleichen. Spätfolgen in Form von Gelenkarthrosen in Fesselgelenken und Hufgelenken kann so vorgebeugt werden.

Wir sind jetzt beim letzten Bereich der wichtigsten Muskelketten der Körperoberseite angekommen. Nun haben wir einen großen Teil geschafft.

13. Die seitliche Knie- und Unterschenkelmuskulatur

Alles wird geputzt.

Vorgehensweise:

- Mit kleiner werdenden Kreisen putze ich die Verbindungsstelle der beiden aufeinandertreffenden Knochen: dem Oberschenkel zum Unterschenkel. Diese bilden das eigentliche Kniegelenk. Wir konzentrieren uns meistens auf den vorderen Teil des Knies mit seiner Kniescheibe.
- Dabei stütze ich mich am Hüfthöcker ab. Sollte das Pferd seitlich austreten wollen, wird es mich wegschubsen.
- Die Wadenmuskulatur ist durch das Stehen immer unter Spannung. Nur wenn das Pferd in den Ruhe-Entlastungs-Stand geht, wird diese weich. Es ist wichtig zu wissen, dass die Wadenmuskulatur nur bedingt locker wird.

Was steckt dahinter?

Wir Menschen betrachten unser Knie immer nur von vorn und übernehmen diese Sichtweise auch für das Pferd. Wenn wir vom Knie sprechen, sprechen wir eigentlich immer nur von der Kniescheibe. Tatsächlich besteht das Knie jedoch aus mehr als nur dieser Kniescheibe. Das eigentliche Gelenk ist das Aufeinandertreffen des Oberschenkelknochens mit den Knochen des Unterschenkels, bestehend aus Schienbein und Wadenbein. Das Kniegelenk wird durch die starken Zugverhältnisse der rückseitigen Hinterhand-Muskulatur nach hinten „geöffnet“. Die Gelenkspalten sind nur bedingt gleichmäßig übereinander. So kann es im vorderen Bereich des Kniegelenks immer wieder zu Flüssigkeitsansammlungen und Instabilitäten kommen. Genau mittig, so wie ich die Bürste auf dem ersten Bild ansetze, verläuft ziemlich weit an der Oberfläche eine Nervenbahn. Dieser Nerv streut gern mal zwischendurch Spannungen in die Faszien und die umgebende Muskulatur hinein in den Unterschenkel.

Was bewirkt das Putzen?
Geschmeidigkeit im Gelenk und Reduzierung von Gelenkflüssigkeitsansammlungen

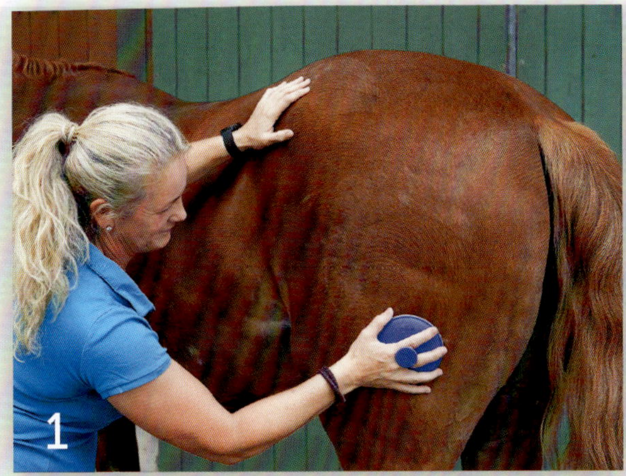

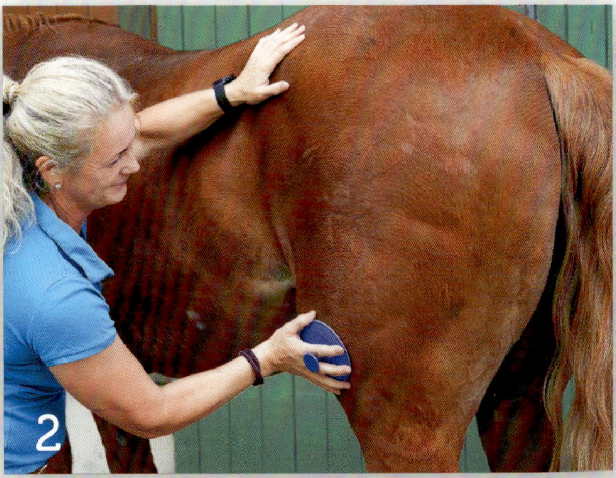

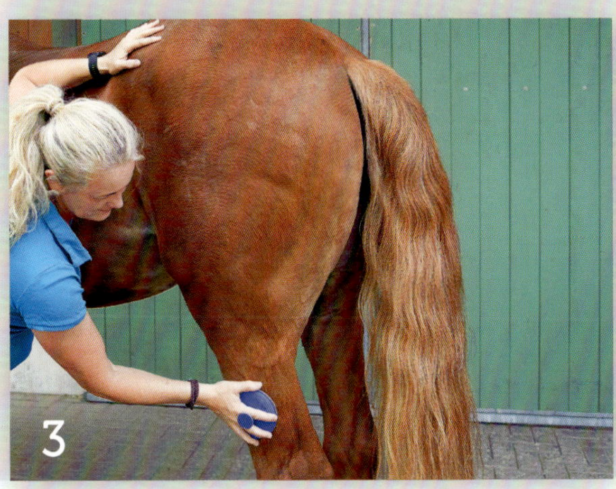

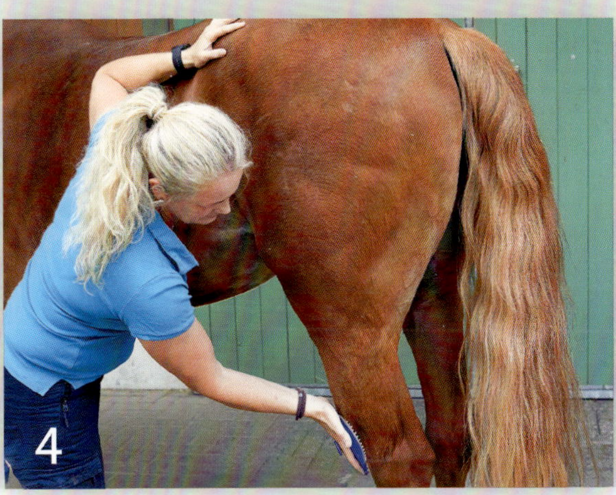

Das Putzen bringt Bewegung ins Gewebe. Obwohl wir hier nur bedingt eine Lockerung der Wadenmuskulatur erzielen, wird das Gewebe, also Haut, Faszien und Muskulatur, massiert, besser durchblutet und gegeneinander verschoben. Verklebungen reduzieren sich im gesamten Bereich. Die Nervenleitbahn beruhigt sich und das umgebende Gewebe kann sich entspannen. So hat das Putzen einen positiven Einfluss auf angestaute Lymphflüssigkeiten im Kniegelenk.

14. Die Innenseite der Beine

Pferde zeigen, was sie wollen.

Achtung, Pferde sind auf der Innenseite der Hinterbeine oft sehr empfindlich. Deshalb ist es wichtig, sich den Innenseiten langsam und mit wenig Putzdruck zu nähern. Roxi, mein Model hier, liebt jedoch das Putzen der Innenseiten und zeigt dies deutlich durch das Anheben des Beins und dem Kräuseln des Mauls.

Roxi liebt das Putzen an den Innenseiten der Beine und sie zeigt es mir deutlich.

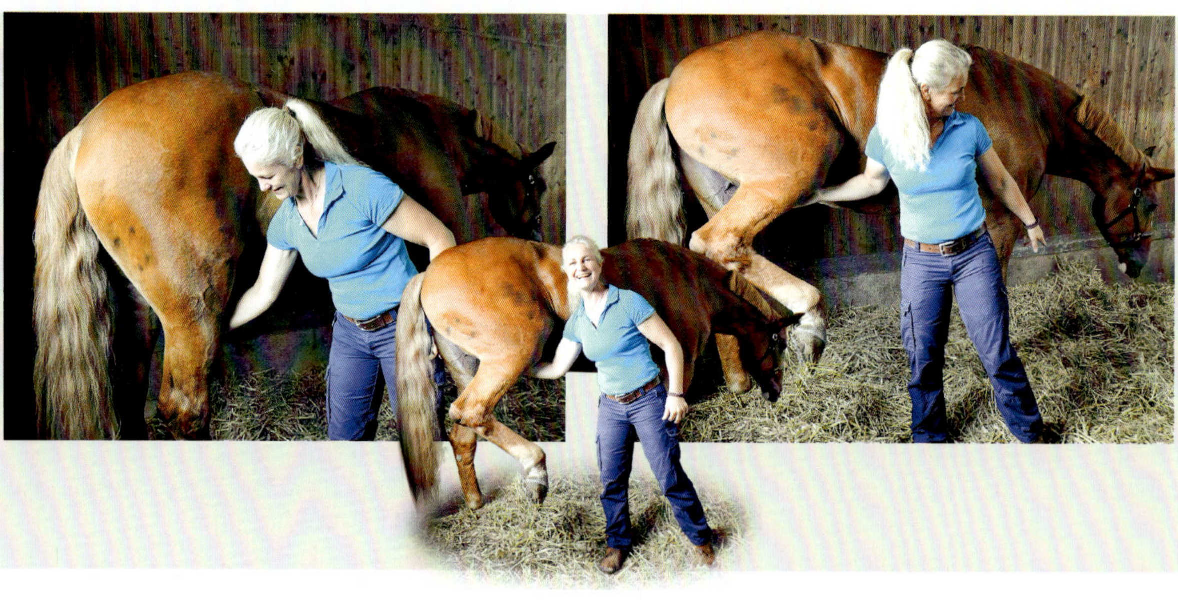

15. Der seitliche Brustkorb und die Rippen

Zurück zum Schulterbereich. Von hier aus widme ich mich den Rippen.

Vorgehensweise:

- Ich kehre zurück zum Schulterblatt und prüfe einmal den Zustand.
- Mit kreisenden Bewegungen und leichtem bis mittlerem Druck putze ich die Bereiche des seitlichen Brustkorbs und der Rippen.
- Ich bleibe unbedingt an der Schulter stehen und putze gegebenenfalls mit ausgestrecktem Arm bis zur Grenze der Flanke. Achtung! Der Bereich zur Flanke hin und die Flanke selbst sind eine der empfindlichsten Körperstellen der Pferde. Da kann es schon mal vorkommen, dass sie ein Hinterbein anheben oder sogar seitlich austreten.
- Dazu ist es wichtig – sollte das Pferd mich einmal abwehren wollen – nur den Druck zu reduzieren und zu versuchen, den Kontakt seitlich auf dem Rippenbogen zu behalten. Um das Vertrauen zu Berührungen zu fördern, putze ich abwechselnd in kleinen und großen Kreisen den seitlichen Rippenbogen.
- Sollte das Pferd nach wie vor unsicher sein und Spannungen zeigen, gehe ich einen Schritt zurück und beginne wieder von der Schulter aus mit leichtem Kreisen. Irgendwann wird das Pferd die Berührung als angenehm empfinden und zeigen, wenn es sich wohl fühlt.

Was steckt dahinter?

Dieser Bereich kommt sehr oft unter Spannung. Auch die Pferde atmen oberflächlich, ähnlich wie wir Menschen. Das führt dazu, dass sich die Rippen des Brustkorbs zu wenig bewegen und die dazwischenliegenden Nerven empfindlich werden. Ein anderer Grund kann sein, dass das Pferd zu häufig und zu große Mengen gefressen hat und der gesamte Bauch einfach zu voll ist, wie ein aufgeblasener Luftballon kurz vor dem Platzen.

Beim Menschen hat ein voller Bauch Bauchweh, Blähungen und Kurzatmigkeit schon beim kleinsten Spaziergang zur Folge. Kurzatmigkeit nicht, weil die Kondition fehlt, sondern weil die Organe zu wenig Platz haben. Es entsteht Druck. Das Zwerchfell kann nicht arbeiten, sich nicht nach unten zusammenziehen, denn dort ist ja das Essen gelagert. Somit kann sich die Lunge weniger weiten und folglich weniger Luft aufnehmen.

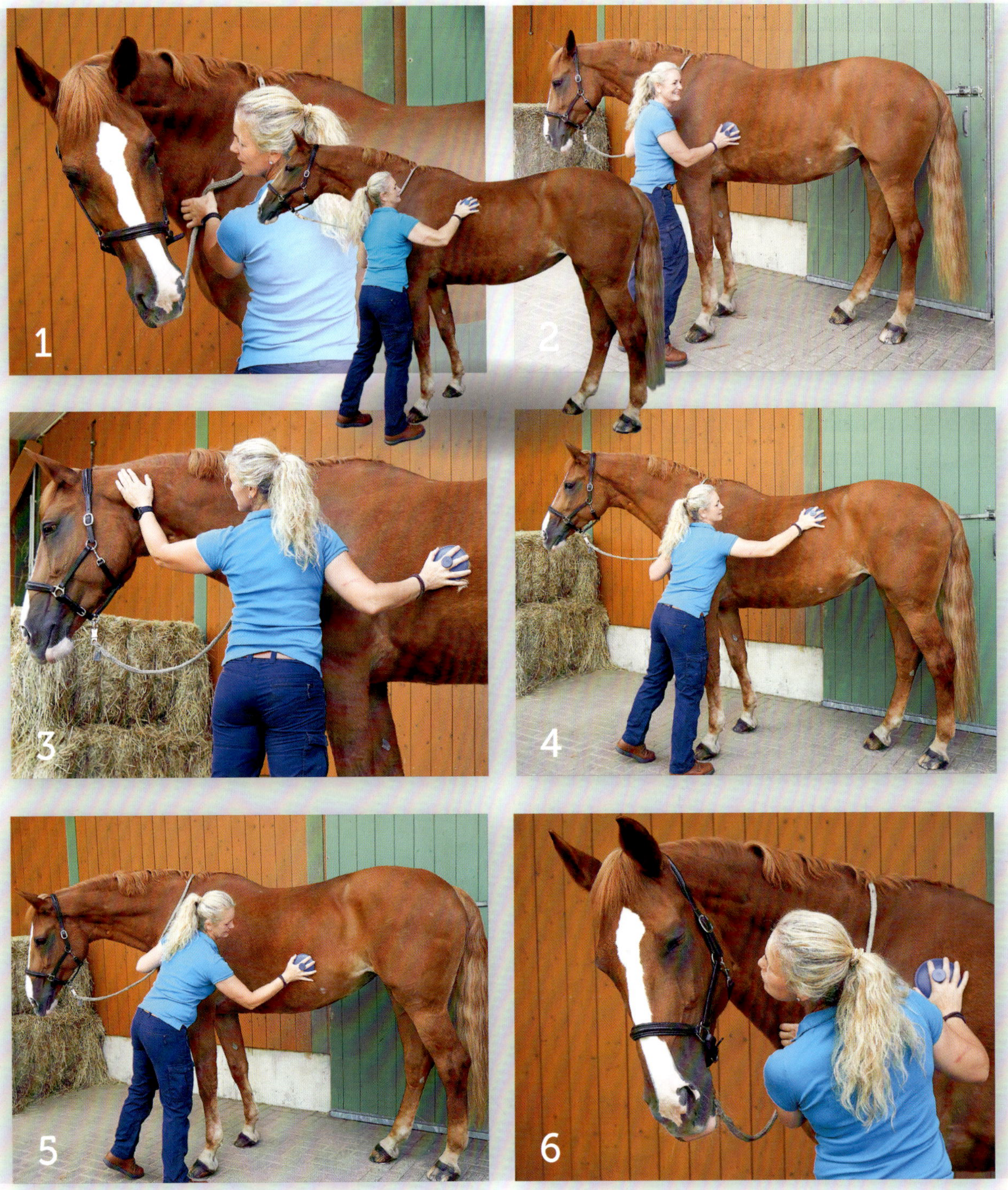
1
2
3
4
5
6

Doch wenn das leckere Essen verdaut ist, gibt es auch wieder Platz. Wie sieht es da bei den Pferden aus? Ich sehe viele Pferde, die kugelrund sind und deren Brustkorb auch im gesamten Flankenbereich aufgespannt ist, eben wie ein Luftballon. Die Rippen sind oft schon auf das Äußerste aufgespannt. Wo soll das Pferd noch hinatmen? Es ist zu wenig Platz da! Zusätzlich entsteht auch bei den Pferden im Inneren Druck. Dadurch werden die Gefäße generell verengt, die einen mehr, die anderen weniger. Kreislauf und Blutdruck kommen ins Wanken. Die Nerven werden ebenfalls unter Druck gesetzt und zeigen dies an den Nervenenden an der Körperoberfläche durch erhöhte Empfindlichkeit und Reizung. Der gesamte Rippenbogen, vor allem im hinteren Bereich, ist dauerhaft aufgespannt.
Betrachten wir nun die große Körperfaszie: Heute weiß man, dass auch in der Körperfaszie Schmerzrezeptoren vorhanden sind. Diese melden sich bei einer Dauerspannung ebenfalls. Alles tut weh. Da ist es nicht mehr wichtig, ob es die Faszien sind oder die Nerven oder die Knochen. Es ist einfach alles betroffen.
Tja, und was ist mit der Bauchmuskulatur? Ich für meinen Teil kann und will sie in diesem Zustand nicht mehr anspannen. Bauchmuskeltraining? Ohne mich!

Was bewirkt das Putzen?
Spannungsschmerzen werden durch Bewegen des aufgespannten Rippenbogens gelindert.
Durch das Bewegen des Rippenbogens wird zum einen das unterschiedliche Gewebe gegeneinander verschoben, zum anderen werden die Rippen selbst bewegt und beweglicher. Die Haut und die Nervenenden an der Hautoberfläche werden desensibilisiert. Die Spannung der Körperfaszie wird nicht nur gelindert, sondern durch die Verschiebungen werden auch die „Verklebungen“ verringert. Da jetzt wieder ein Flüssigkeitsaustausch stattfindet, wird die Körperfaszie elastischer.
Bewegliche Rippen haben einen weiteren Vorteil. Der Druck im Bauchraum, der durch die festen und oft aufgespannten Rippen entstanden ist, wird sich so verringern. Ein weiterer großer Nutzen, diesen Bereich zu putzen und zu massieren ist: Es fördert die Verdauung. Wer genau hinhört, nimmt auf einmal eine erhöhte Darmtätigkeit wahr, und wenn die Pferde nicht schon vorher gepupst haben, beginnen sie jetzt beim Putzen dieses Bereichs des Rippenbogens damit. Zudem darf dieser Bereich nicht außer Acht gelassen werden, da er die Vorbereitung für den nächstfolgenden Putzbereich des hinteren Bauchraums und der Flanke ist.

16. Der hintere Bauchraum und die Flanke

Mit einem fließenden Übergang integriere ich nun auch den sehr empfindlichen Bauchraum und die Flanke.

Vorgehensweise:

- An diesen Stellen wird die Haut sehr dünn. Die vorherigen Bereiche sind empfindlich, doch diese Körperregion ist die empfindlichste!
- Ich bleibe erst einmal auf Schulterhöhe. Wer denkt, Pferde schlagen nur nach hinten aus, kann hier eines Besseren belehrt werden. Hier treten sie gern auch mal nach vorn oder zur Seite aus – und sie sind oft sehr treffsicher. Die Schulter des Pferdes ist der sicherste Platz.
- Mit konstant leichtem Druck mache ich das Pferd mit meiner Putzmassage vertraut. Durch die Spannungslinderung am Rippenbogen ist das Pferd bereits vorbereitet. So kann ich relativ schnell zu mittlerem Druck wechseln. Je schneller ich hier das Gewebe in sich verschieben kann, desto schneller akzeptiert mein Pferd mich und mein Putzen und wird im ersten Schritt die zuvor nicht benutzte Bauchmuskulatur anspannen. Dabei kommt es noch nicht zur Aufwölbung des Rückens. Das Pferd wäre jetzt noch schlichtweg mit dem Aufwölben überfordert, und ich will das Vertrauen, welches ich aufgebaut habe, behalten.
- **Achtung:** Bin ich zu vorsichtig, ist es eher so, dass es für das Pferd unangenehm wird. Ziehe ich dann noch meine Hand weg, wenn das Pferd mit dem Hinterbein nach vorn kommt, wird es schnell lernen, sich so zu entziehen.
- Die Verspannungen sind ja noch da, und die Pferde sind hier oft noch überempfindlich. Eine Paarung aus Überempfindlichkeit und mentaler Angst quittieren die Pferde auch gern einmal mit einem Anheben des Hinterbeins oder mit Ausschlagen nach vorn. Pferde lernen schnell, sich effektiv vor Unangenehmem zu schützen, und bei einem Wegziehen meiner Hand weiß und lernt das Pferd ganz schnell, sich vor dem Bauchanspannen zu entziehen. Doch das Anspannen und das spätere Aufwölben des Rückens ist das A und O für eine dauerhafte Verbesserung.
- Durch den sicheren Stand vorn an der Schulter kann mir nichts passieren und ich kann mit meinem Druck spielen, ohne den Kontakt mit der Hand zu

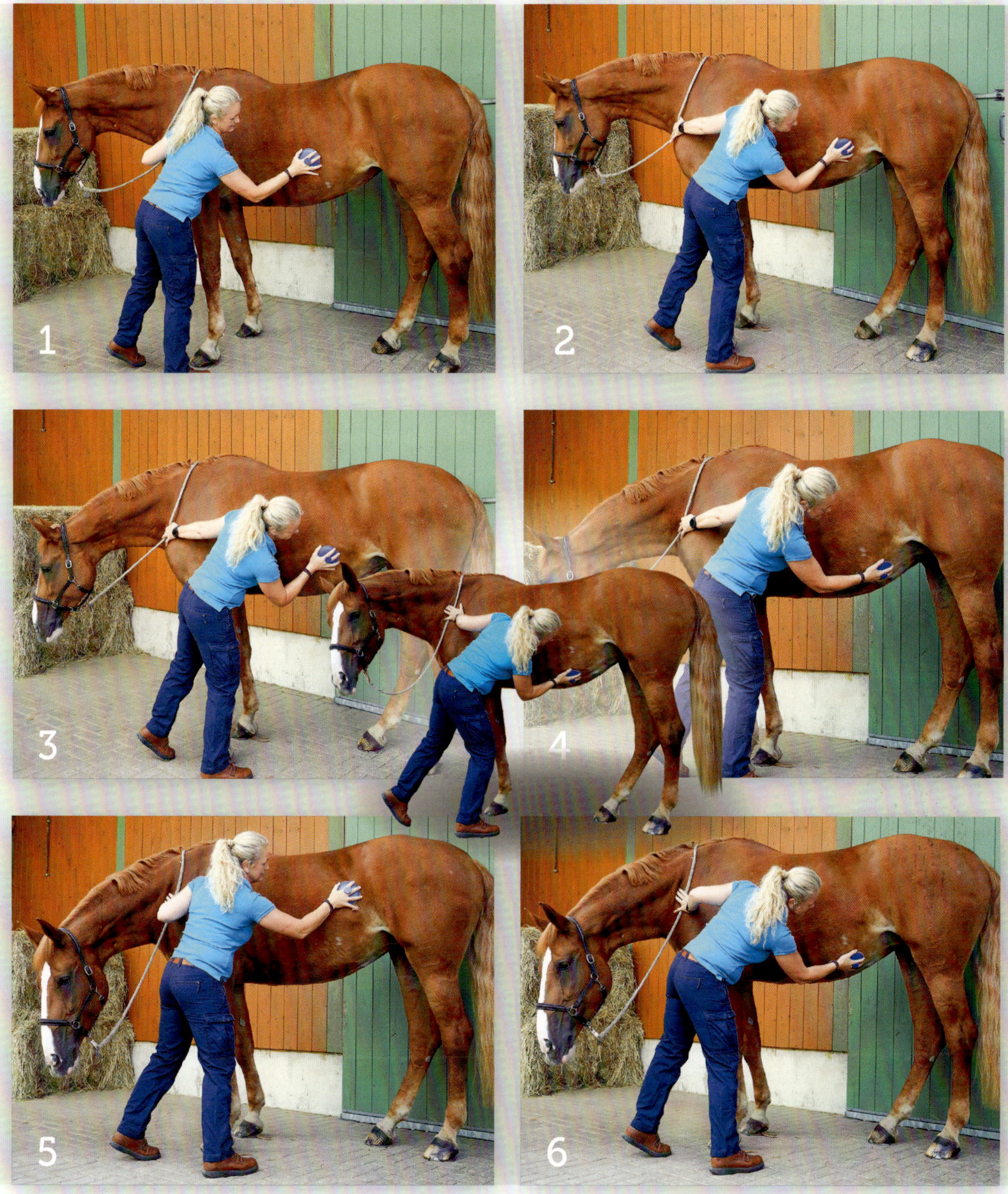
1
2
3
4
5
6

verlieren. Auf diese Weise hat das Pferd die beste und schnellste Chance, Vertrauen zu entwickeln.

- Jetzt putze ich im Wechsel zur Flanke hoch und wieder runter zum Bauch, um die Bauchfaszie geschmeidig zu machen und die Spannung, auch in Form von Pupsen, loszuwerden.

Was steckt dahinter?

In diesem Bereich des Bauchraums ist die Bauchmuskulatur am schwächsten – und der Verdauungstrakt am größten. Das heißt, je mehr Futter im Bauch ist, desto mehr spannt es an dieser Stelle auf und mit der Zeit wird vor allem hier der Bauch tiefer. Ein großer Kugelbauch fühlt sich hart und „steinig" an. Der Bauch ist an dieser Stelle in seinem Umfang am größten, ähnlich dem des aufgeblasenen Luftballons. Auch dieser hat einen größten und spannungsgeladenen Teil.

Je nach Jahreszeit, Futter und Training kann vor allem die rechte Seite deutlich stärker ausgeprägt sein. Rechtsseitig befindet sich der Blinddarm und da Pferde reine Vegetarier sind, ist er bei ihnen nach wie vor groß. Bei Großpferden kann er ein Fassungsvermögen von bis zu 70 Litern haben. Diese Masse muss sich irgendwie ausweiten können. So kommen wir zu dem Punkt, an dem wir Unwohlsein und Empfindlichkeiten beim Putzen an der Körperoberfläche haben und die Probleme von innen nach außen drücken.

Was bewirkt das Putzen?

Das Putzen bewirkt eine enorme Erleichterung und Reduzierung des Luftball-Effekts.

Das Putzen kann anfangs durch die massiven Spannungen unangenehm sein. Durch das Bewegen der verschiedenen Schichten von Haut, Faszien und Bauchmuskulatur entsteht Wärme. Verklebungen und Unwohlsein, hervorgerufen durch die Spannungsverhältnisse, reduzieren sich. Die kreisenden Bewegungen verschaffen dem Pferd durch die Wärme am Flanken- und Bauchbereich im wahrsten Sinne des Wortes enorme Erleichterungen. Im wahrsten Sinne des Wortes. Die schwache Bauchmuskulatur wird im ersten Schritt zur Aktivität ermutigt. Die Darmtätigkeit wird angeregt. Man kann nun stärkere Darmgeräusche hören. Durch das Anspannen und Verkürzen der Muskulatur entweicht den Pferden schließlich Luft und sie beginnen zu pupsen. Luft, die sich im Blinddarm angesammelt hat und steckengeblieben ist, kann endlich entweichen. Ihr werdet staunen, wie viel Luft die Pferde teilweise ablassen!

17. Die große Bauchdecke

Jetzt bringen wir richtig Bewegung in den Bauch. Putzen und gleichzeitig mobilisieren, was könnte praktischer sein?

Vorgehensweise:

- Zurück zur Ausgangsposition: An der Schulter beginne ich seitlich am Bauch.
- Über die Flanke und die hintere Bauchregion habe ich mir das „Anfassen-lassen-Wollen" erarbeitet und werde nun in langsamen und leichten, jedoch bewussten rhythmischen Schwüngen zuerst den mittleren Bereich des Bauches putzen.
- Mit immer größer werdenden Kreisen werde ich mich anschließend dem ganzen Bauchraum nach hinten und zur Außenseite widmen.
- Auf dem Foto ist zu sehen, wie sich Roxi im Hals lang macht und jetzt ist der Zeitpunkt da, den Putzdruck zu erhöhen.
- Der Bauchnabel ist eine magische Grenze. Alles davor darf geputzt werden, dahinter nicht. Diese Region ist zu sensibel.
- Auf der Außenseite angelangt, erhöhe ich von hinten nach vorn putzend den Druck, sodass das Pferd nun dazu angeregt wird, seine gesamte Bauchdecke anzuspannen.
- Vorn angelangt, putze ich wieder über die Mittellinie zur mir zugewandten unteren Innenseite und reduziere währenddessen den Druck, damit sie sich nicht im Widerrist verkantet.
- Man kann sich das wie eine Ellipse oder eine Spirale vorstellen: Druck an der Seite aufbauen, an der ich stehe; Druck halten, während ich zur gegenüberliegenden Seite putze; Druck nachlassen und mit leichtem Druck wieder auf der Innenseite nach hinten putzen. So entsteht eine Druckwellenform, ähnlich einer Ellipse oder Spirale, und das Pferd kann die Bauchmuskulatur anspannen und wieder entspannen, ohne zu verkrampfen.

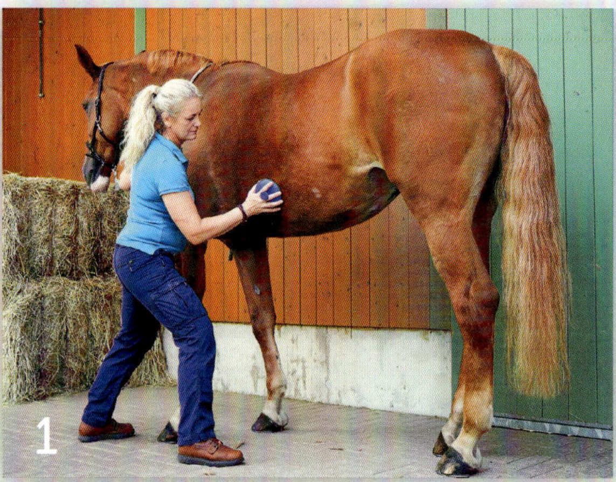
1

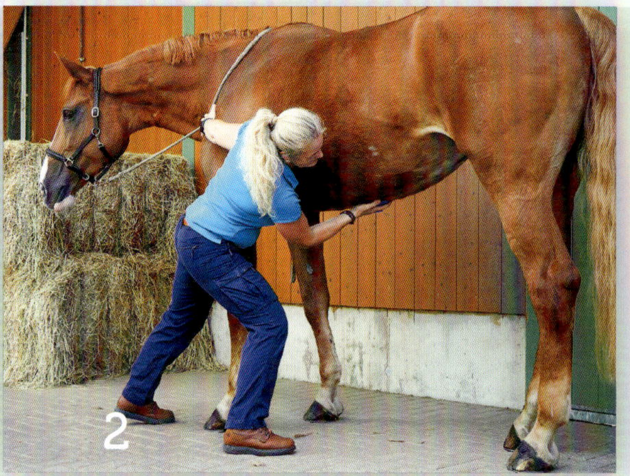
2

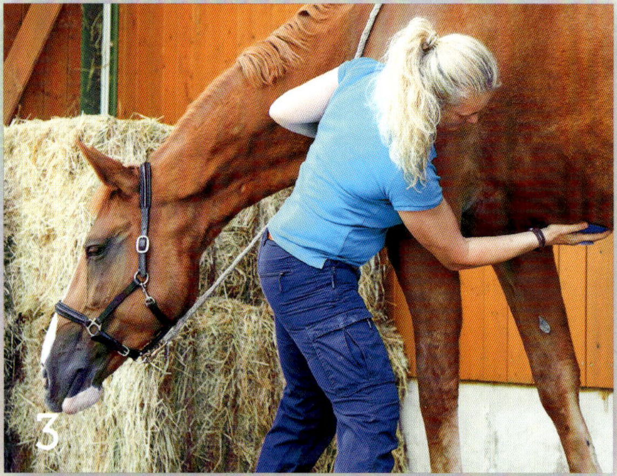
3

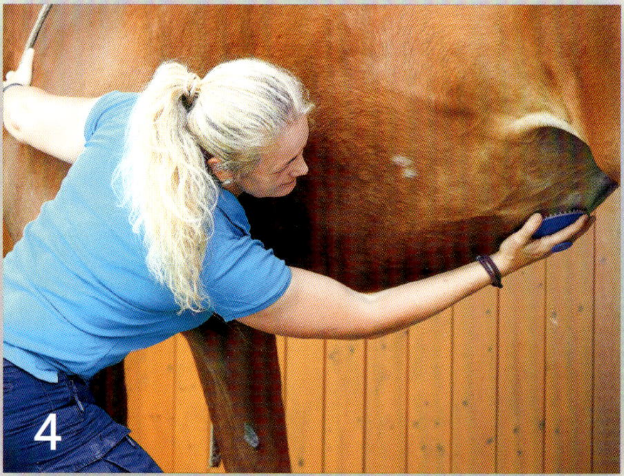
4

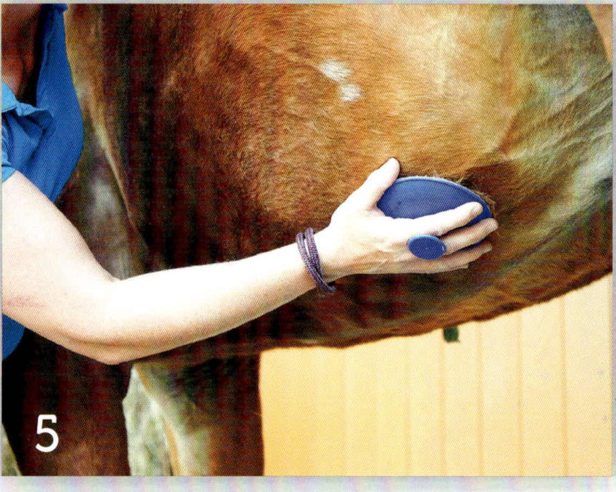
5

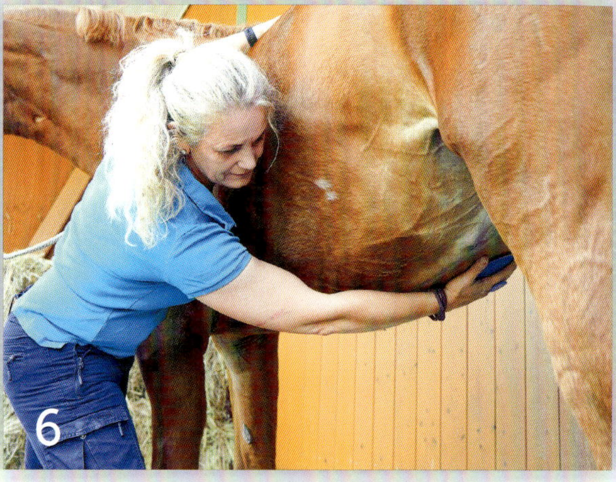
6

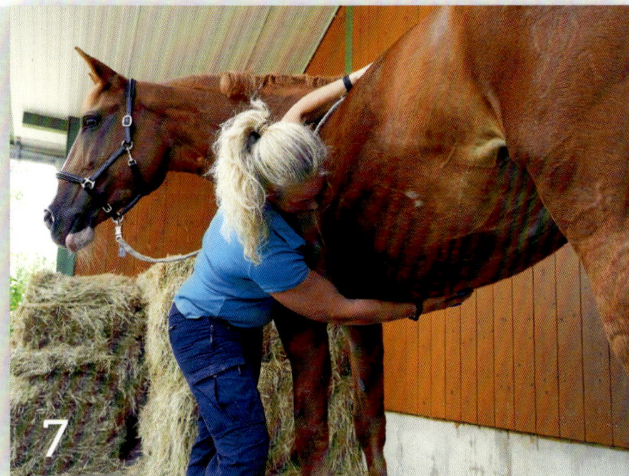

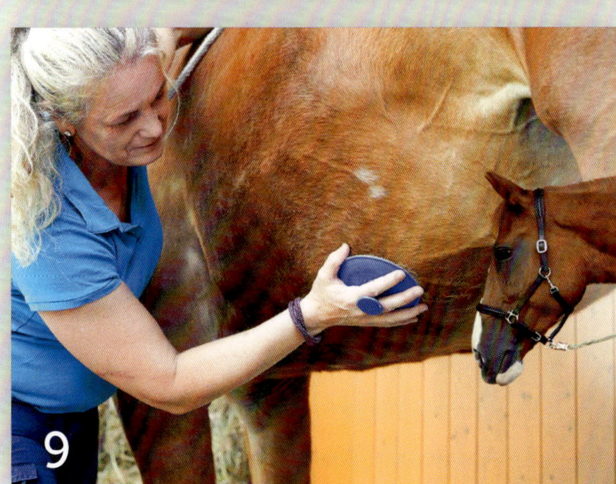

Der Putzende

Auf den Bildern seht ihr, wie ich mich komplett strecke und die Beine beuge, um an die Bauchaußenseite zu gelangen. Bereits am Anfang habe ich vom gymnastischen Nutzen für mich selbst berichtet. Um dieses Strecken zu erreichen, muss ich mich ausbalancieren – und das ist ganz schön kraftaufwendig.

Was steckt dahinter?
Der Bauch hat natürlich nicht nur die seitliche Bauchmuskulatur. Die gerade Bauchmuskulatur hält alles zusammen. Wie eine voll bepackte Einkaufstasche füllt sich der Bauchraum immer mehr. Im Verlauf eines immer dicker und größer werdenden Bauches kann sich speziell die gerade Bauchmuskulatur nicht mehr anspannen. Der Verdauungstrakt beziehungsweise die Gedärme weiten sich immer weiter aus und das Futter bleibt länger als normal im Körper. Die Pferde kugeln und schleppen sich durch die Gegend. Von vorn betrachtet ragt ein immenser Bauch links und rechts seitlich heraus. Der vermeintlich „trächtige“ Wallach ist ein typisches Synonym hierfür. Die Bauchnaht hat in diesem Zusammenhang eine große Bedeutung. Sie hält den Bauch zusammen, hängt nach unten und ist vor allem bei Pferden mit Stoffwechselstörungen geschwollen und gefüllt mit Lymphflüssigkeit. Dies ist ein sicheres Indiz: Jetzt besteht Handlungsbedarf! Mehr Bewegung und angepasste Futterrationen sind unumgänglich, ebenso wie Mobilisieren durch Putzen.

Zudem ist die Gegenseite, sprich der Rücken mit seiner Wirbelsäule stark belastet. Diese wird ebenfalls nach unten gezogen. Das sogenannte „Kissing Spines Syndrom“, das heißt „küssende Wirbel“, kann eine Folge davon sein. Nicht nur, dass sich die Dornfortsätze der Wirbel verengen, mindestens genauso tragisch sind die Verengungen in den Wirbelkanälen selbst. Die dazwischen austretenden Nervenwurzeln haben weniger Platz und werden gereizt. Nervenwurzeln im Brustwirbel-Lenden-Übergang (d.h. dort wo der Sattel endet), welche die Muskulatur der Knieregion versorgen, sind oft stark davon betroffen. Treten hier Verengungen auf, knicken die Pferde häufig in den Kniegelenken weg. Im ersten Augenblick wird immer das Knie selbst als Problem gesehen. Häufig ist die Ursache jedoch auch im Rücken, im Brustwirbel-Lenden-Übergang zu finden. Dieser Bereich hat großen Einfluss auf die Knieregion.

Was bewirkt das Putzen?
Die Bauchdecke mit ihrer Muskulatur und deren Faszien ist neben der Brustmuskulatur der **stärkste Träger** des Rumpfes. Durch diesen Teil des Putzens und Mobilisierens können wir das Pferd veranlassen, die Bauchmuskulatur

wieder zu benutzen. Die Gedärme, die sich bei einem hängenden Bauch zu stark geweitet hatten, werden jetzt wieder verkleinert, wodurch die gesamte Darmtätigkeit vermehrt angeregt wird. Man könnte sich nun fragen: Wozu die Vorarbeit, wenn die gerade Bauchmuskulatur und die jetzt im Anschluss folgende Brustmuskulatur die **wichtigsten Putzbereiche** sind? Ganz einfach: Die Spannungen und das Unwohlsein sind im Rumpf zu hoch. Wir würden die Pferde bei direktem Putzen und Mobilisieren schlichtweg „überfallen". Sie würden es mit Weggehen quittieren oder nach unserer Hand ausschlagen.
Zudem bringen wir durch die Vorarbeit den Körperkreislauf in Schwung. Körperkreislauf heißt Stoffwechselaktivierung. Dabei ist es egal, ob es leichte Stoffwechselstörungen sind oder ob es sich um das Equine Metabolische Syndrom oder auch um PSSM-1- und PSSM-2-Varianten handelt. Alles muss in Schwung kommen. Über den Bauch geschieht das am effektivsten. Die Bauchnaht wird es zeigen. Gehen hier die Schwellungen zurück, ist das das beste Anzeichen für einen beginnenden Erfolg.

In diesem Zusammenhang sollten wir die Traditionelle Chinesische Medizin (TCM) betrachten (vgl. Kapitel 5.4.1 Was sind Akupunkturpunkte?). Auf der Bauchnaht verläuft der übergeordnete Ying-Meridian. Die Ying-Meridian-Linie und die ihr zugeordneten Organe sind meistens nicht ausreichend mit Energie versorgt. Durch Putzen bekommen wir Schwung hinein, sowohl auf energetischer Ebene als auch im Kreislauf der Blutzirkulation, des Lymphflusses und nicht zuletzt auch in der Qualität der Bewegung, da die Bauch- und Unterlinie jetzt wieder die Vorhand mit der Hinterhand verbindet.
Jetzt betrachten wir noch die Wirbelsäule. Diese bekommt endlich die Unterstützung, die sie braucht. Durch das Nach-oben-gedrückt-Werden kann sie sich strecken, die Abstände der Dornfortsätze werden größer und es gibt Platz zwischen den einzelnen Wirbelkörpern. Die Nervenaustrittspunkte am Brustwirbel-Lenden-Übergang können frei fließen und die Pferde bleiben im Kniegelenk stabil.

18. Die Brustmuskulatur

Zusammen mit der geraden Bauchmuskulatur bringen wir das Pferd nun über die Brustmuskulatur zum Anheben des Brustkorbs und zum Öffnen des Widerrists. Diese zwei Bereiche sind die wichtigsten Stützen im Körper unseres Pferdes.

Vorgehensweise:

- Jetzt ist es wichtig, die Bauchmuskulatur mit der Brustmuskulatur zu verbinden.
- Damit mein Pferd es genießen kann und mir weiterhin sein Vertrauen schenkt, putze ich mit kleiner werdenden Kreisen von der Mitte des Bauchs nach vorn in den Gurtbereich.
- Dort angelangt, wechsle ich zu Vorwärts- und Rückwärtsstrichen bis zwischen die Vorderbeine.
- Ich wiederhole nun diesen Vorgang zwischen Bauchdecke und Brustbereich zwischen den Vorderbeinen. Ich kreise circa fünfmal über die Bauchdecke und ziehe danach drei- bis fünfmal nach vorn und zurück.
- **Achtung:** Beginnt das Pferd die Luft anzuhalten, gehe ich direkt wieder zurück zur Bauchdecke. Als Reaktion auf das Luftanhalten beginnen die Pferde **immer,** mit dem Brustbein nach unten zu drücken. Das erarbeitete Vertrauen möchte ich natürlich nicht aufs Spiel setzen – ebenso wenig wie die endlich zurückgewonnene Beweglichkeit.
- Das Ziel sollte sein, eine aktive Bauch- und Brustmuskulatur zu bekommen, die den Rücken stützt und den Widerrist öffnet. Dann kann das Pferd den Hals komplett strecken, von der Halsbasis bis zum Genick.

Was steckt dahinter?

Jetzt kommen wir noch einmal zu meinem Lieblingsbegriff: dem Mülleimer! Das Brustbein und der Bereich zwischen den Vorderbeinen sind wie der Boden eines Mülleimers. Je mehr in den Mülleimer kommt, desto schwerer wird dieser und beult nach unten aus. Dabei gibt es unterschiedliche „Gewichtungen" von Müll. Papier ist leichter als ein Stein und kann trotzdem den Mülleimer füllen. Gefüllt mit Steinen wird der Mülleimer sehr schwer, zieht massiv nach unten und beult aus. Ein Plastikmülleimer gefüllt mit Steinen wird sicherlich kaputt gehen.

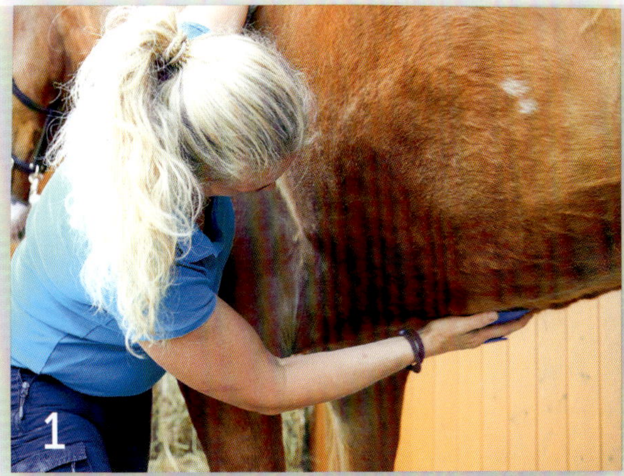
1

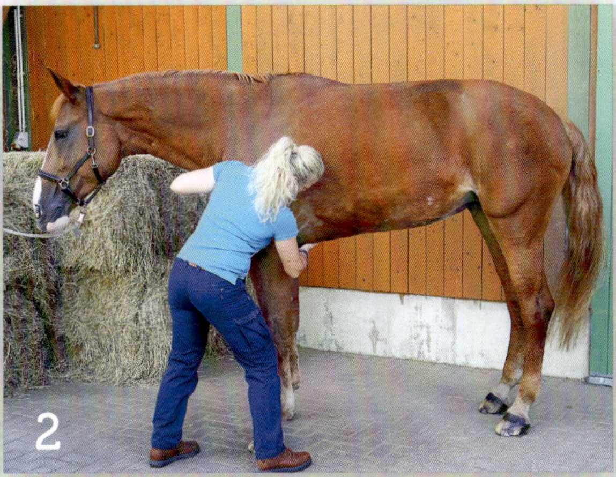
2

3

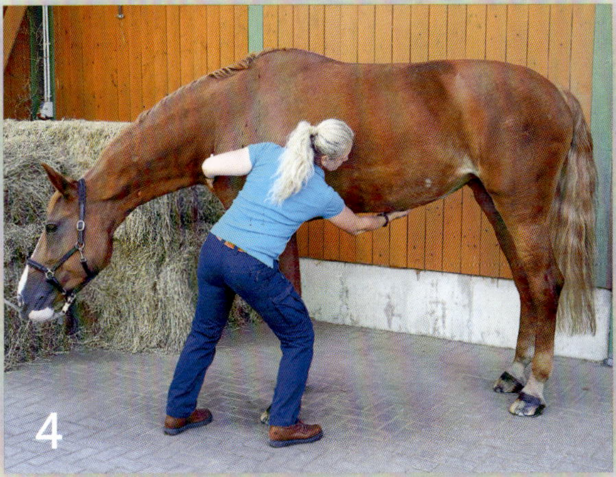
4

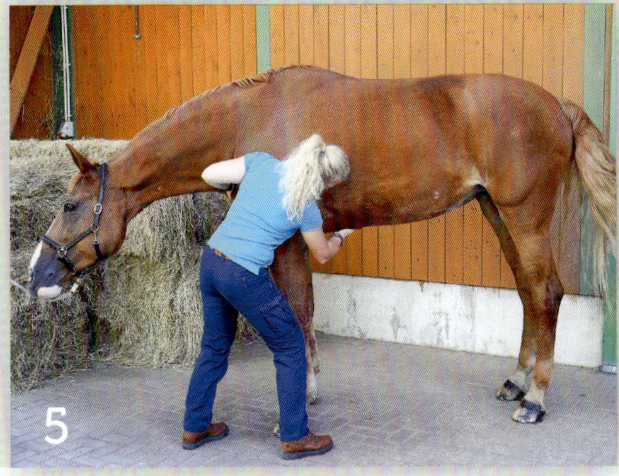
5

Wir können dieses Bild auf die Pferde übertragen. Von leichtem Papiermüll wird das Pferd im übertragenen Sinn anfänglich nur die Luft anhalten und unsicher werden. Der Brustkorb wird in diesem Stadium nach oben und unten noch beweglich bleiben. Beim Befüllen mit Steinen wird ein Mülleimer schwer – das Sinnbild für größere und schwerere Probleme. Der Brustkorb wird steif. Im letzten Stadium wird er starr wie ein Korsett und hängt zwischen den Schulterblättern nach unten. Die oberen Trapez- und Rückenmuskeln verkürzen sich bis hin zum Muskelschwund. Die Löcher hinter dem Schulterblatt sind typisch hierfür. Die Wirbelsäule im Widerrist-Rücken-Übergang ist starr und in den meisten Fällen mit einem starken Knick versehen. Die Brustmuskulatur hat hier, wie der Boden des Mülleimers, nur noch eine Haltefunktion, damit nichts nach unten durchbricht. Beim Plastikeimer brechen meistens die Seitenwände, was sinnbildlich für die Seiten des Pferdes steht.

An dieser Stelle möchte ich anmerken, dass auch wir Therapeuten täglich dazulernen. Das bedeutet, auch wir Profis werden regelmäßig zu Detektiven, um auf offene Fragen und Konstellationen Antworten zu finden. Fakt ist, und das möchte ich herausstellen: Jede Beeinflussung zeigt sich in der Beweglichkeit und Leichtigkeit des vorderen Brustkorbs. Diese geht verloren, wenn das Pferd anfängt, beim Anheben des Brustkorbs die Luft anzuhalten oder im weiteren Verlauf sogar mit dem Brustkorb nach unten drückt –, dann weiß ich, hier stimmt etwas nicht mehr. Ich beginne nach Störfaktoren zu suchen und helfe meinem Schützling, den Mülleimer zu „entleeren".
Bitte bedenkt: Wir können niemals alles wissen. Was wir können, ist mit Geduld so lange zu suchen und durchzuhalten, bis sich die Leichtigkeit im Brustkorb wieder einstellt. Danach können wir einen Management-Plan erstellen, damit der Mülleimer leer bleibt.

Was bewirkt das Putzen?
Das Entleeren des Mülleimers!
Jetzt ist es wichtig, parallel zu arbeiten. Zum einen gilt es herauszufinden, welche Störfaktoren, sprich welcher „Müll" belastet mein Pferd. Zum anderen ist zu bedenken, dass sich ein Pferd der Steine im Mülleimer nicht selbst entledigen kann. Ist der Brustkorb starr geworden, die Muskulatur fest und die Wirbelsäule steif, hat das Pferd keine Chance, selbst wieder beweglich

zu werden. Durch die vorherigen Putzeinheiten ist mein Pferd für die Mobilisierung über das Putzen bereit. Alles wird leichter. Es kann den Gurtumfang weiten, bekommt dadurch wieder leicht und tief Luft. Das Pferd streckt sich in der Oberlinie. Normalerweise strecken sich die Pferde im Hals ab. Speziell der Bereich vor der Schulter, also der untere Halsbereich, kann sich endlich öffnen. Das gesamte System beginnt sich auszugleichen. Das unterdrückte parasympathische System mit seinen Organen kann wieder arbeiten und das dauerhaft angespannte, gestresste sympathische System beruhigt sich. Die Pferde entspannen und das nicht nur „kopfmäßig". Der gesamte Körper kommt zur Ruhe.

Dieses Aufdehnen der Oberlinie mit einer aktiven Brust- und Bauchmuskulatur und das freiwillige Abstrecken des Halses aus der Schulter heraus sind die Höhepunkte und Ziele jedes Putzvorganges. Damit hast du das Pferd optimal in Fluss gebracht. Es ist aufgewärmt und gedehnt. Bedenke – sei es nun Mensch oder Pferd – die Dynamik und die Kraft kommen immer aus der Mitte heraus.

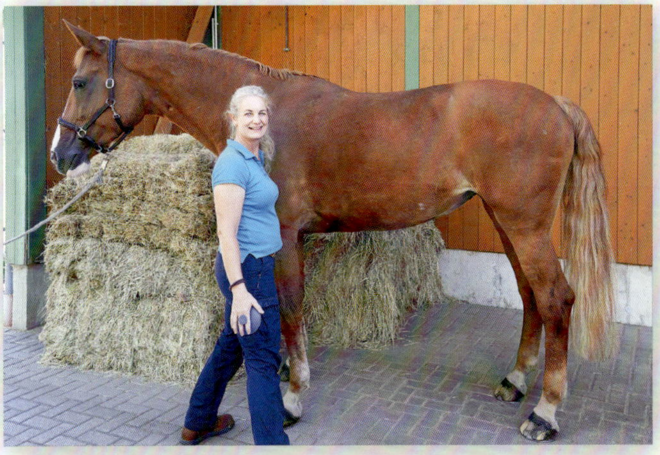

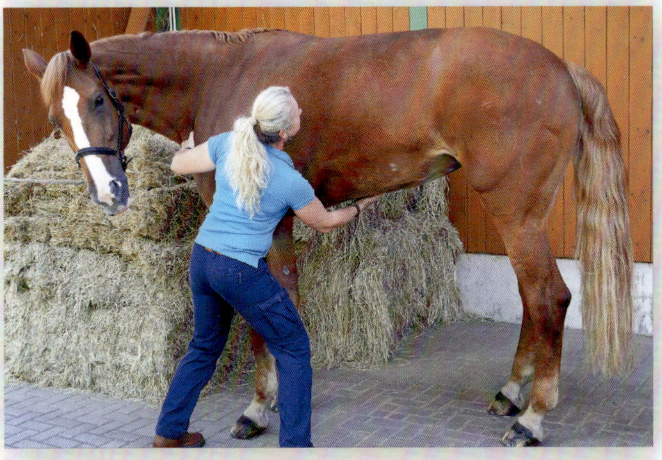

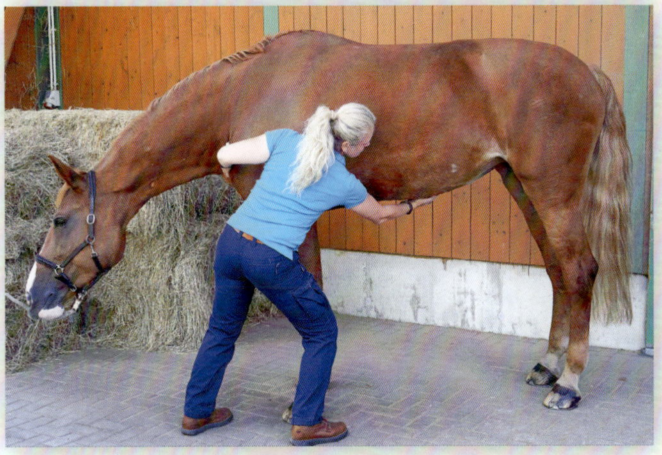

Um das Ganze rund zu machen, im wahrsten Sinne des Wortes, sollten wir die Königsklasse nun auch langfristig erhalten. Durch das Aktivieren der Brust- und Bauchmuskulatur bewegt das Pferd die Muskeln. Bewegen wiederum ist anspannen und entspannen. Das bedeutet, jedes Anspannen trainiert die Muskeln. So wird aus einem langen schwachen Muskel ein stärkerer kürzerer Muskel. Dieses Phänomen sollten wir ausnutzen. Gleichzeitig bleibt die gegenüberliegende Muskulatur, im Trapez- und Rückenbereich elastisch und länger. Die Beschaffenheit des Muskels ist bei einem zu schwachen Zustand schwabbelig und lang und er verliert an Volumen. Ein verspannter Muskel hingegen verkürzt sich und zieht über die Gelenke das Knochengerüst in Fehlstellungen. Die Rückenmuskulatur zieht die Wirbelsäule in eine Fehlstellung nach unten. Die Rückenlinie des Pferdes senkt sich nach unten. Am deutlichsten ist dies am Übergang der Widerrist-Rückenlinie zu sehen. Ein gesunder Muskel hat eine Grundspannung und somit eine „golden Mitte“. Er ist wie ein neues Gummiband. Im Ruhezustand hat es eine Grundspannung. Dehnen wir es und lassen wieder los, springt es immer wieder in seine Grundspannung zurück und bleibt gleichmäßig in seinem Volumen. Genau das wollen wir erreichen und erhalten – Muskeln, die das Skelett nicht nur bewegen, sondern auch stützen. Dieses Stützen und Abfedern wiederum wirken sich sehr positiv auf die anschließende Bewegung aus. Die Pferde bewegen sich viel ökonomischer und dynamischer. Ein Muskelaufbau oder Muskelumbau erfolgt somit viel einfacher und schneller.

Das ist das Geheimnis der zwei motivierenden Beispiele aus Kapitel 3.3. Deshalb konnte sich diese 13-jährige Stute in Eigenarbeit so immens verbessern.

So, jetzt wollen wir den Hals nicht vergessen!

19. Der Halsbereich

Der Halsbereich hat sich allein durch das Abstrecken während des Putzvorgangs in der Regel schon deutlich entspannt. Durch einen hohen Spannungsmodus lassen sich die Pferde nur ungern am Hals und noch weniger im Ohren-Kopf-Bereich anfassen. Deshalb ist die Vorgehensweise immer über

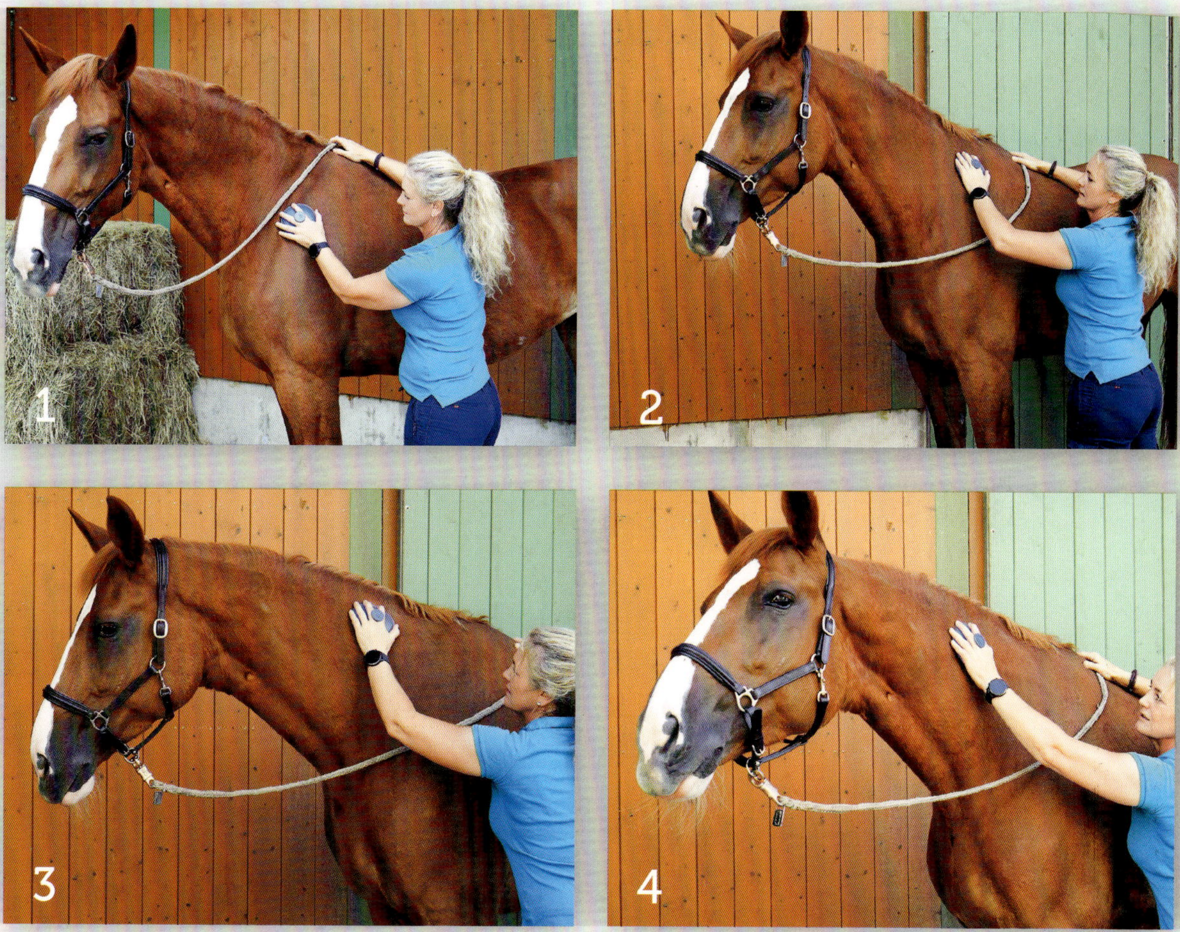

die Schulter zum oberen Hals, weiter zum unteren Halsbereich und am Ende zu Ohren und Kopf.

Vorgehensweise:

- Im **ersten Teil** starte ich wieder am Schulterblatt. Dies ist ein Wohlfühlbereich, an dem ich mein Pferd immer wieder für mich gewinne.
- Über das Schulterblatt putze ich nun mit kurzen Längsstrichen den oberen Bereich des Halses vor und zurück.

- Dieser obere Bereich ist relativ unempfindlich, da er aus Haut, Faszien und Muskelgewebe sowie Fettgewebe besteht. Hier kann ich mittleren bis stärkeren Druck anwenden.

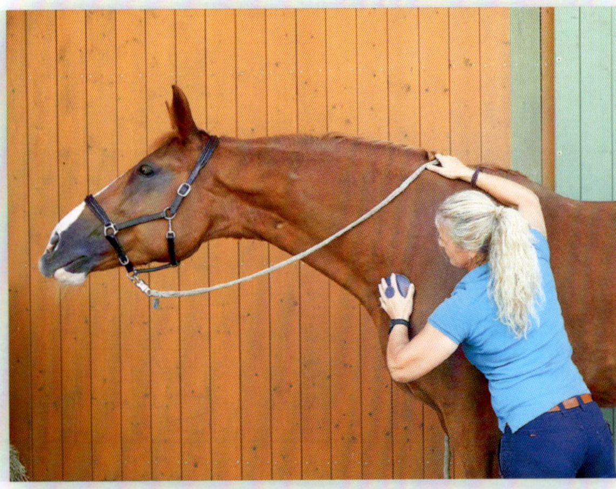

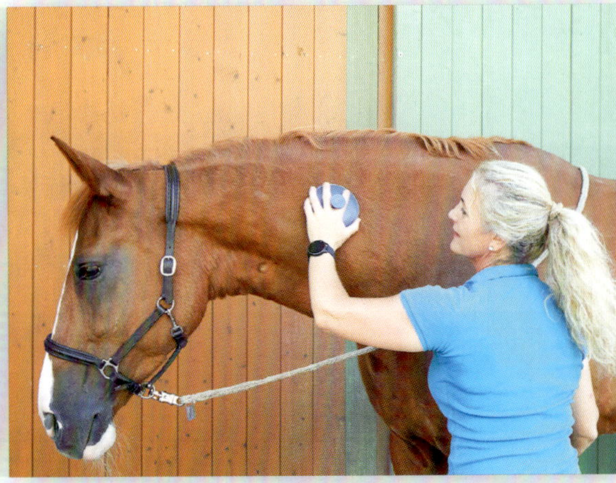

- Im **zweiten Teil** putze ich den mittleren und den unteren Bereich des Halses.
- Hier verändert sich die Struktur, da an dieser Stelle die Halswirbelsäule verläuft. Darüber hinaus verzweigen sich hier sehr viele Nerven, die zwischen den Wirbelkörpern austreten.
- Mein Druck variiert hier ganz besonders. Zwei Bereiche sind besonders empfindlich. Zum einen die Halsbasis: die Haut und die Muskulatur, welche kompensatorisch Spannungen festhalten; zum anderen die Mitte des Halses: die Knochen der Halswirbelsäule und vor allem die Nervaustrittspunkte direkt unter der Haut.

- Im **dritten Teil** putze ich nun den vorderen Bereich des Halses.
- Für diesen Bereich brauche ich etwas Geduld, da die Pferde hier besonders Angst vor Berührung haben.
- Mit kleinen Kreisen kombiniert mit abwechselnd vorwärtigen und rückwärtigen Längsstrichen putze ich immer wieder von der Halsmitte aus vor und zurück – mit der Vorstellung, dass das Pferd den Kopf nach unten

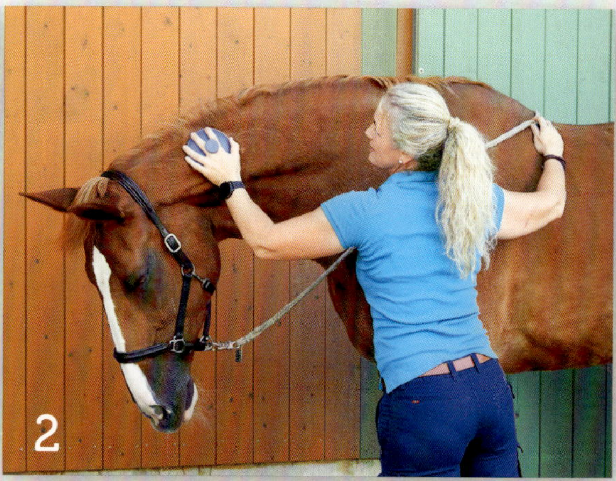

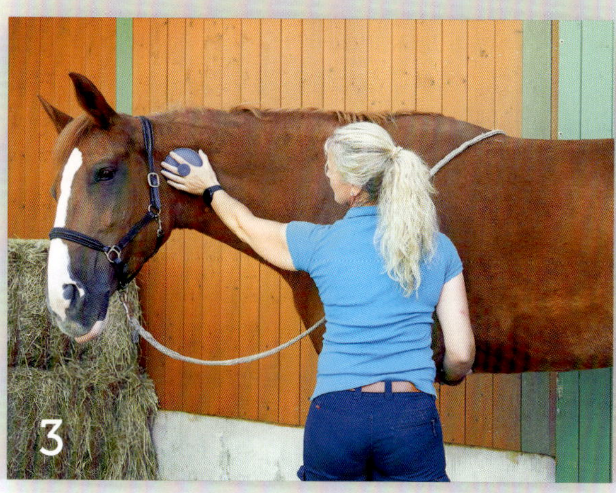

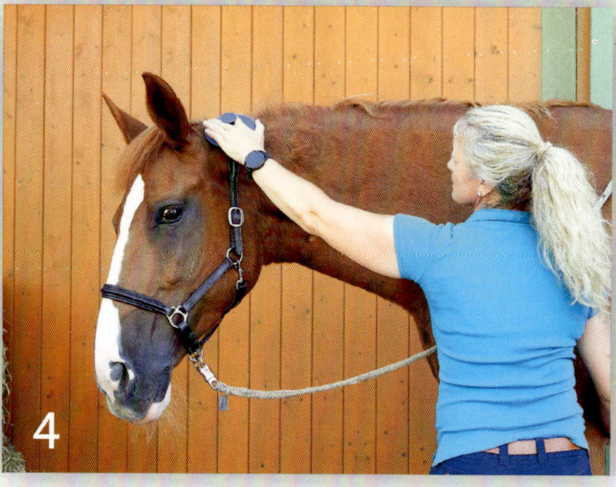

senken wird. Ich lasse ihr die Freiheit nach oben, denn ein Pferdekopf ist ziemlich schwer. Und ich lasse ihm Zeit, denn die „Schwerkraft des Kopfes" wird für mich arbeiten. Ich bleibe geduldig. Das heißt, über die Zeit wird der Kopf so schwer, dass es ihn freiwillig nach unten abstrecken wird, wie man auf den Bildern sehen kann.

Was steckt dahinter?

Man bezeichnet den Hals als die Balancierstange des Pferdes. So sollte es eigentlich sein. Jedoch benutzen die Pferde den Hals oftmals mehr als Stützstange. Mit einem in sich hängenden Brustkorb und „schwerem Mülleimer"

können die Pferde den Hals nicht mehr lang und wirklich frei bewegen. Die Muskulatur besteht nicht nur alleinig im Halsbereich. Der Sinn der Muskulatur ist es, über Gelenke die Knochen in Bewegung zu bringen. Dies verhält sich auch so zwischen Hals und Brustkorb. Viele der verschiedenen Muskeln setzen am Brustkorb an und enden im Hals. Sie sind Verbindungsstücke und Beweger zwischen Burstkorb und Hals.
Die wichtigsten Muskeln für uns im oberen Bereich entlang der Wirbelsäule sind der Trapezmuskel, welcher zur oberflächlichen Muskulatur der Schultergürtelmuskulatur und der Rhomboideusmuskel, welcher zu tiefen Muskulatur der Schultergürtelmuskulatur gehört. Wie der Name Trapez schon sagt, hat dieser eine Rautenform. Wenn wir umgangssprachlich vom Trapezmuskel sprechen, betrachten wir immer nur das Dreieck hinter dem Schulterblatt, welches sich bei einem absinkenden Brustkorb zu einem „Loch" entwickelt. Dieser Muskel verläuft jedoch bis hin zur Mitte am oberen Halsbereich. Genau so tut es auch der Rhomboideusmuskel, welcher etwas schmaler ist und unterhalb des Schulterblatts verläuft. Durch das Absinken des Brustkorbs verlieren beide hinter dem Schulterblatt an Volumen und schwinden. Die Muskelanteile im Hals jedoch verkürzen und verhärten sich.

Betrachten wir nun im Rippenbereich den großen Atemmuskel. Auch dieser Muskel hat zwei Teile. Der eine Teil ist in seinem Urspung an der Gurtlage zu finden und der zweite große Teil endet im Hals. Mit diesem anatomischen Konstrukt von Muskulatur und Knochen zieht ein hängender Brustkorb die Halswirbelsäule zum Brustkorb hin. Dadurch und durch die S-Form der Halswirbelsäule werden die Abstände zwischen den Halswirbeln enger. Die Wirbelkörper verkanten sich auf die eine oder andere Weise. Oft ist eine Biegung zu einer Seite eingeschränkt oder erfolgt mit Widerstand.
Die Verengungen der Zwischenräume haben auch sehr massive Auswirkungen auf die austretenden Nervenäste. Diese werden gereizt und beim Reiten können sich Widerstände einstellen. Zudem kann es zu neurologisch-motorischen Defiziten im Bewegungsablauf kommen. Die Halsbasis und die Bereiche zwischen dem zweiten und dem dritten Halswirbel sind hier besonders betroffen. In letzter Instanz gibt es auch Zug auf das Nackenband am Genickansatz. Durch diesen Zug und Spannungen wird der Übergang vom Nackenband zu den Knochen ständig gereizt, was zu Verkalkungen im Nackenband führen kann.

Was bewirkt das Putzen?

Von der Stützstange zurück zur Balancierstange: Das Pferd kann den Hals wieder freier bewegen und sich in den Bewegungen ausbalancieren.

Durch das Putzen des Halses reduzieren sich zuerst einmal die Spannungen auf der Haut und dem faszialen Gewebe. Die verkürzte und verspannte Muskulatur erwärmt sich, wird dehnbereit und Spannungsschmerzen reduzieren sich. Oft stellt sich auch hier durch das Putzen ein Juckreiz ein und die Pferde fangen an, den Hals zu strecken. Wunderbar – sie gymnastizieren sich dann direkt selbst.

Ich würde sagen: Ziel erreicht!

Durch die Streckung entzerrt sich auch die S-Form und der Hals wird länger. Die Halswirbel können nun wieder viel besser gleiten und sich vor allem biegen. Oft knackt es dabei auch, und die verkanteten Halswirbel finden wieder ihren Platz im Glied der Kette. Und es gibt schlichtweg Platz für die Nervenäste in den Zwischenräumen der Halswirbelsäule. Eine enorme Entlastung. Die Impulse in den Nervenbahnen können wieder frei fließen. Die Widerstände beim Reiten können sich reduzieren, und die Motorik im Bewegungsablauf wird wieder harmonisch. Die Pferde strecken in der Regel auch die Nase nach vorn, und der Winkel zwischen Kopf und Hals öffnet sich. Die Spannungen im Übergang von Nackenband und Genick lösen sich, und das Anfassen wird für die Pferde angenehm.

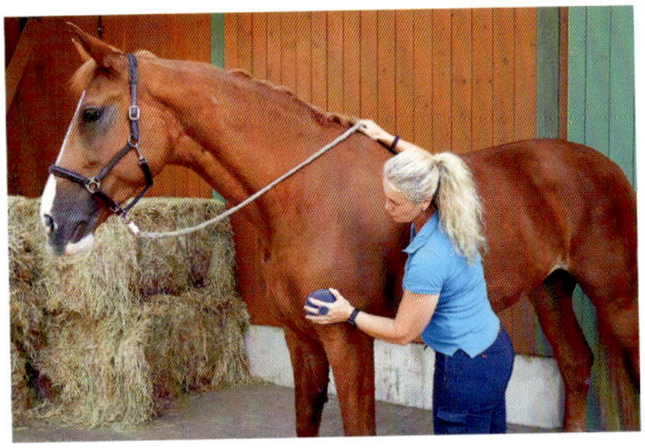

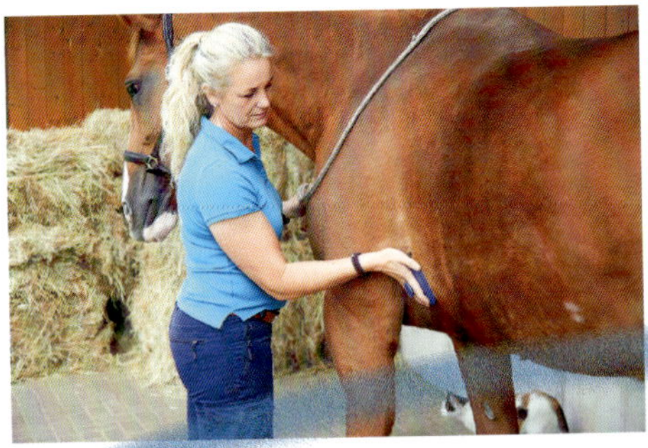

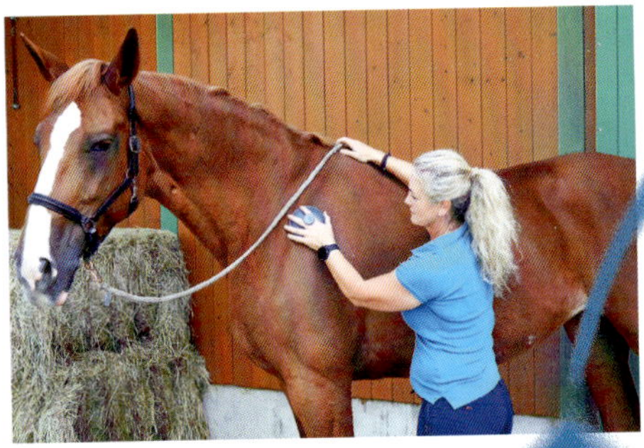

Gut geputzt ist halb ...

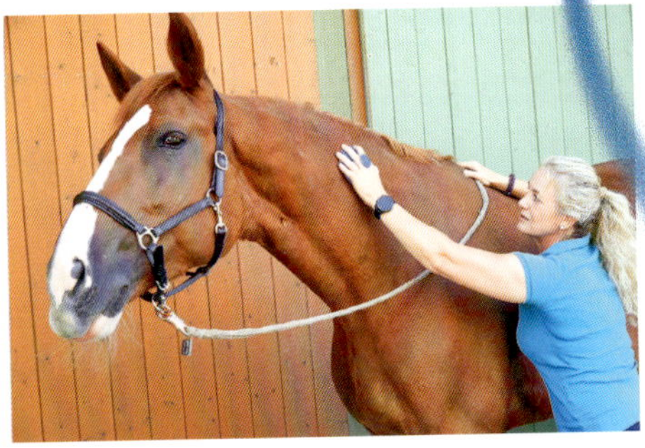

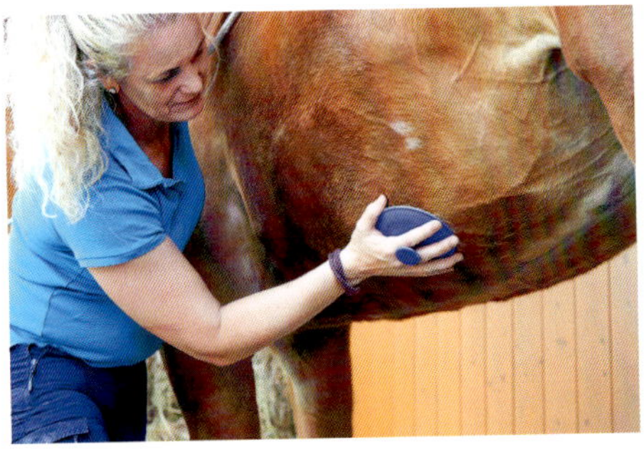

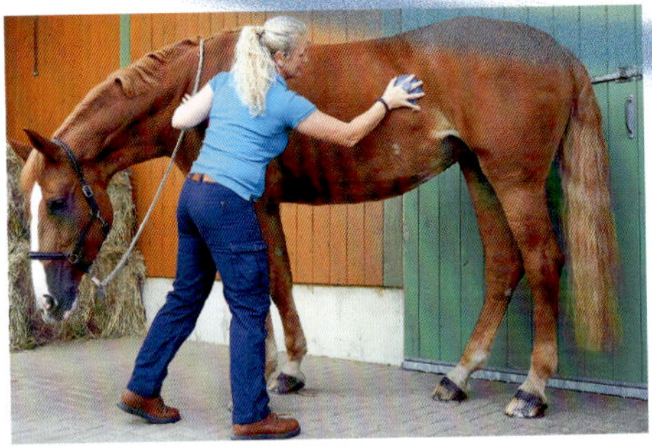

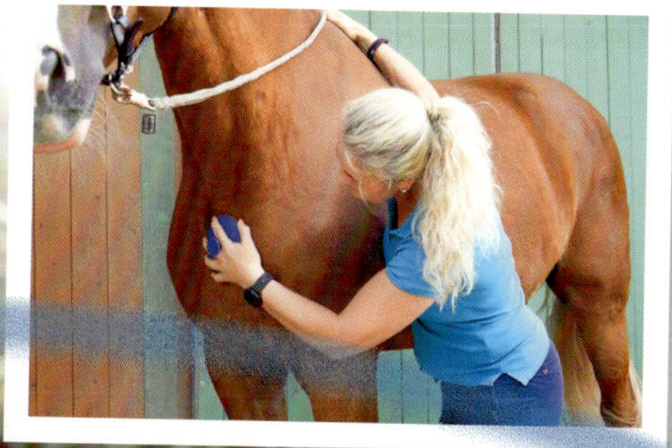

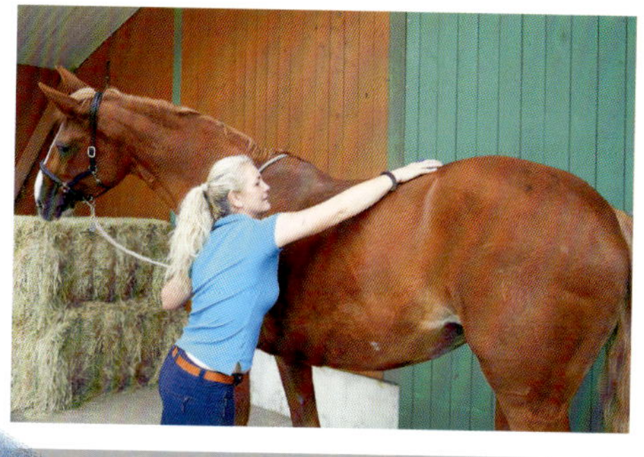

... massiert und mobilisiert.

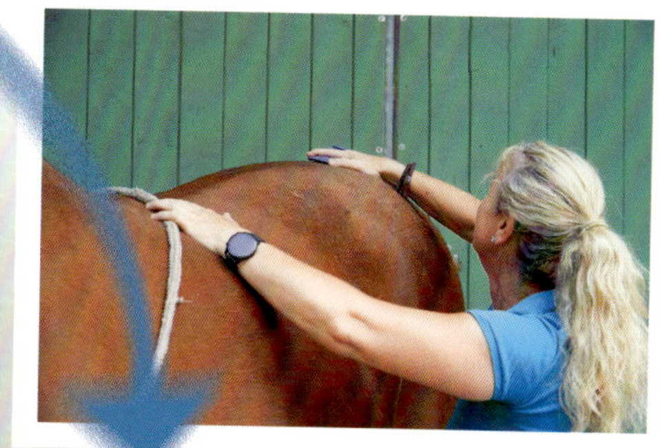

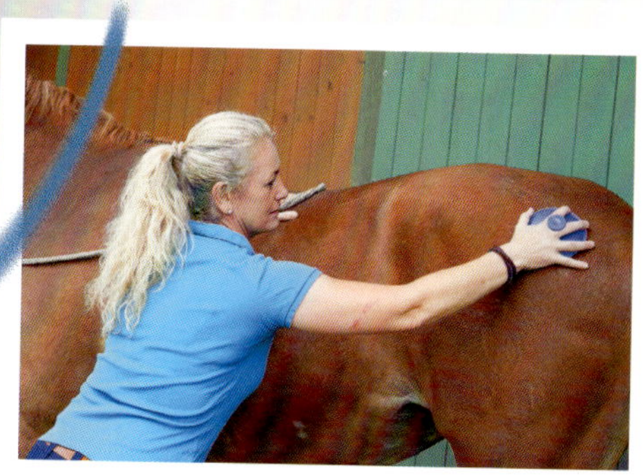

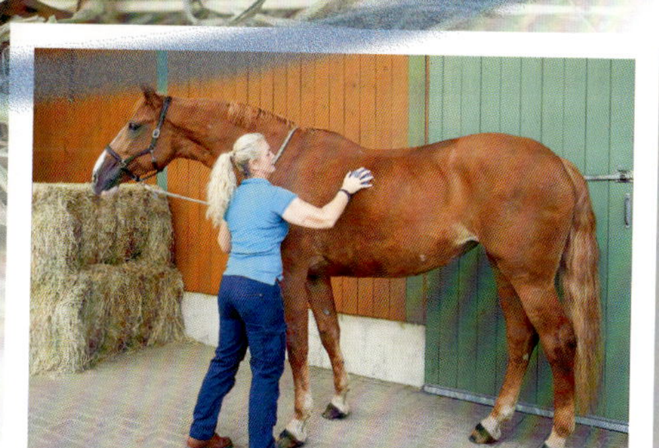

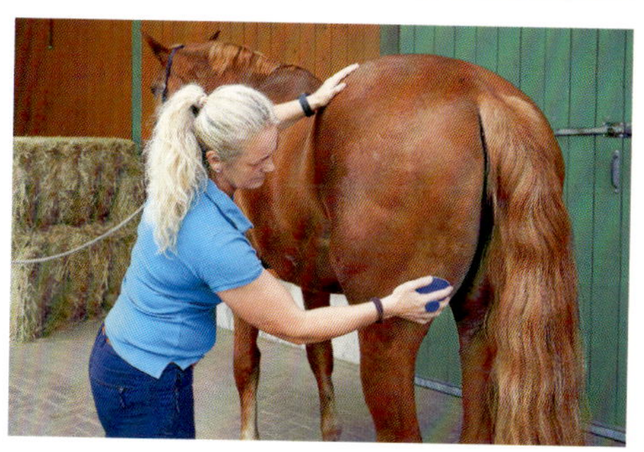

7 Der Trageerschöpfung auf der Spur

Jeder weiß inzwischen um die Wichtigkeit guter Bauchmuskeln und ventraler, dem Bauch zugewandter Muskelketten, auch Unterlinie genannt. Und **trotzdem** messen wir ihnen noch zu wenig Bedeutung bei.
Sowohl bei Menschen als auch bei Pferden verhindern gute Bauchmuskeln Rückenschmerzen und ein offener Brustkorb wirkt Atembeschwerden entgegen. Ich gehe noch einen Schritt weiter. Wir hören bei Pferden viel über Trageerschöpfung (siehe Kapitel 2.1 Bestandsaufnahme) und die Muskulatur des Trageapparates. Auf den Punkt gebracht: Welche Muskeln sind die wichtigsten, um Trageerschöpfung aufzufangen?

Es sind die Brust- und Bauchmuskeln gemeinsam!
Sie sind die Verbindung, der LINK im gesamten Körper.

Von oben nach unten, von links nach rechts, von hinten nach vorn, von vorn nach hinten und auch von außen nach innen sowie von innen nach außen! Sie sind überall dazwischen.

Die Brust- und Bauchmuskulatur …
… unterstützt die Gesunderhaltung und Regulierung der Körperfunktionen.
… sorgt für Koordination, Stabilität, Kraft und Mobilität und damit für eine effiziente sowie sehnen- und gelenkschonende Fortbewegung.
… ermöglicht es den Muskeln, ihren wahren Aufgaben und Funktionen nachzugehen.
… ist die Stütze des Rückens und der Wirbelsäule!

1 Brust- und Bauchmuskeln als Stützen des Körpers

Bei einem Pferd mit aktiv funktionierender Brust- und Bauchmuskulatur ...

... ist die Muskulatur gleichmäßig über den gesamten Körper entwickelt. Es gibt keine hervorstehenden Knochen. Die Zwischenräume sind ausgefüllt.

... ist die Widerrist-Rückenlinie weich im Schwung. Das bedeutet: Der Brustkorb kann sich öffnen und das Pferd dadurch Luft tief holen.

... ist der Lenden-Kreuzbein-Bereich weich und fließend. Das bedeutet: Die Bewegung der Hinterhand wird nach vorn weitergeleitet und das Pferd fühlt die Hinterbeine.

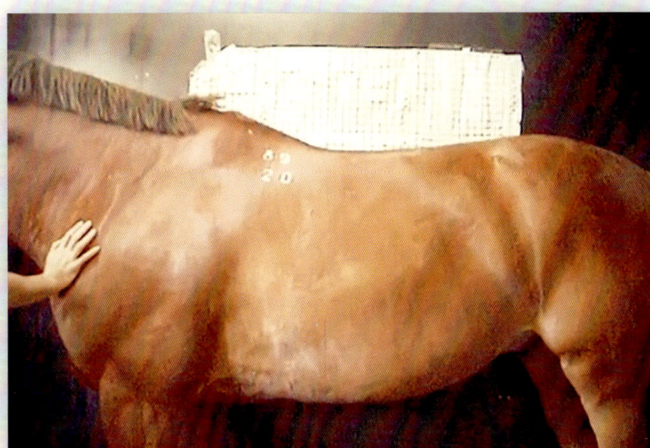

Tragestarkes Pferd – idealer, ausgeglichener Rumpf

Die Anatomie und die funktionelle Grundkonstruktion sind bei allen Pferden gleich. Sei es nun ein edler Vollblüter, Araber, Warmblüter, Spanier, ein Pony oder auch ein Kaltblüter. Jede Pferderasse hat ihre eigene Ausprägung, von elegant schlank bis hin zum muskulösen Bodybuilder.

In der TCM, der Traditionellen Chinesischen Medizin, ist ein wichtiger Gedanke verankert: Jeder Körper ist in sich stimmig.

Die TCM spricht immer davon, dass jeder Körper individuell in seinen Maßen zusammenpasst. Deshalb werden zum Beispiel beim Menschen 1 Cun, 2 Cun, 3 Cun als Maßeinheit genommen, um die Akupunkturpunkte zu finden. 1 Cun entspricht am Finger, Fingerspitze bis zum Gelenk. 2 Cun plus nächste Knochen bis zum Gelenk, 3 Cun der ganze Zeigefinger. Die Maßeinheit Zentimeter ist zu statisch. Und wenn ich die Therapien anwende, ist es unfassbar, wie unschön proportionierte Pferde schön in ihrem Exterieur und Körper werden.

Mein Bestreben ist es, jeden Körper individuell zu betrachten – ob groß oder klein, ob kurz oder lang. Die Frage ist eigentlich immer dieselbe: Wie kann ich dem Pferd, das jetzt gerade vor mir steht, dabei helfen, in sich stimmig zu werden?

7.2 Brust- und Baumuskulatur bei unterschiedlichen Pferden

7.2.1 Bei einem stimmigen, gesunden Pferd

Die bedeutendsten sichtbaren Erkennungsmerkmale sind:

- Der „Trapez-Bereich" ist ausgefüllt und voluminös.
- Die Widerrist-Rücken-Lenden-Kruppen-Linie ist weich und flach im „S-Verlauf".
- Der Brustkorb ist aufgerichtet, der Widerrist höher als die Kruppe.
- Der Bauch und die Flanke bleiben proportional in Form.

Eine aktiv funktionierende Brust- und Bauchmuskulatur ist entscheidend für eine generell gute Skelettkonstruktion.

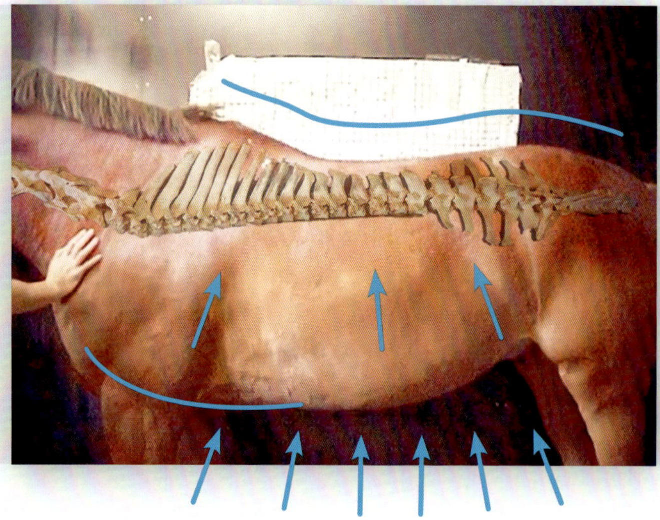

- Die Halswirbelsäule bleibt lang und der sehr wichtige Bereich vor der Schulterregion bleibt offen und dehnfähig. Sie stützt die Wirbelsäule und gibt ihr Stabilität und gleichzeitig Elastizität.
- Das Brustbein bleibt oben im Brustkorb und zwischen den Schulterblättern. Die Beine werden geschont!

Durch die bessere Rumpfstabilität und Elastizität wird das Gewicht auf alle vier Beine gleichmäßig verteilt und die Gewichtsverteilung ist zudem gleichmäßiger auf Rumpf und Beine verteilt. Dadurch bleiben die Beine, vor allem die Fesselgelenke dünn. Bessere Bewegungsdynamik bedeutet gleichmäßigere Belastung der Gelenke. Es lastet weniger Druck auf den Sehnen und den Gelenken, und in den Gelenkspalten ist mehr Platz für die Pufferflüssigkeit, die Gelenkschmiere.Der natürlicher Bewegungsradius ist nach vorn und hinten deutlich größer. Gesunde Gelenke leben von einem vollumfänglichen Bewegungsradius.

7.2.2 Bei einem unstimmigen Pferd, das Probleme hat

Die bedeutendsten sichtbaren Erkennungsmerkmale sind:

- Die Widerrist-Rückenlinie knickt ein.
- Der „Trapez-Bereich“ ist leer und mit wenig Muskulatur ausgefüllt.
- Der „S-Verlauf“ der Wirbelsäule wird stärker.
- Der lange Rückenmuskel verliert an Volumen.
- Die Rippen fächern nach unten auf und der hintere Teil des Bauches und die Flanken weiten sich aus.
- Die Wirbelsäule im Bereich Sattellage senkt sich nach unten.
- Der Brustkorb hängt zwischen den Schulterblättern nach unten.
- Das Pferd hat angelaufene, geschwollene Fesseln.
- Ein starker Unterhals zeigt sich.

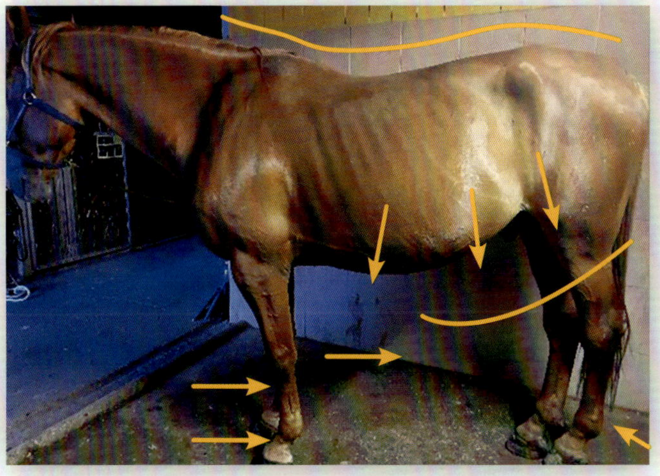

7.2.3 Wenn die Brust- und Bauchmuskeln im Endstadium kaum mehr vorhanden sind

Die bedeutendsten sichtbaren Erkennungsmerkmale sind:

- Die Widerrist-Rückenlinie hat einen starken Knick.
- Das Pferd hat einen proportional kurzen Hals.
- Der Trapez-Bereich ist knochig und die Knochenstrukturen der Schulterblätter stehen stark hervor.
- Der lange Rückenmuskel ist kaum vorhanden und die Dornfortsätze der Wirbelsäule stehen stark hervor.
- Die Rippen des Brustkorbs sind stark sichtbar.
- Der Brustkorb hängt nach unten.
- Das Brustbein ist deutlich sichtbar und schiebt sich nach vorn heraus.
- Das Pferd sieht unharmonisch und krank aus.

Die Folge sind:

- Die Atmung ist kurz und die Pferde atmen beim Reiten schnell und hart.
- Der Hals wird von der Balancierstange zur Stützstange.
- Verengung der Halswirbel und enormer Druck auf die Halsbasis.
- Wirbelsegmente/Dornfortsätze verengen (Kissing-Spines-Syndrom).
- Ständig wiederkehrende oder dauerhafte Lahmheiten stellen sich ein.
- **Achtung!** Diese Pferde sind nun trotz guten Futters „schwerfuttrig" und dünn! Sie sind nun im einem hohen Dauerstress! In diesem Stadium ruhig, sozusagen zu ruhig, weil sie sich nach innen verkriechen.

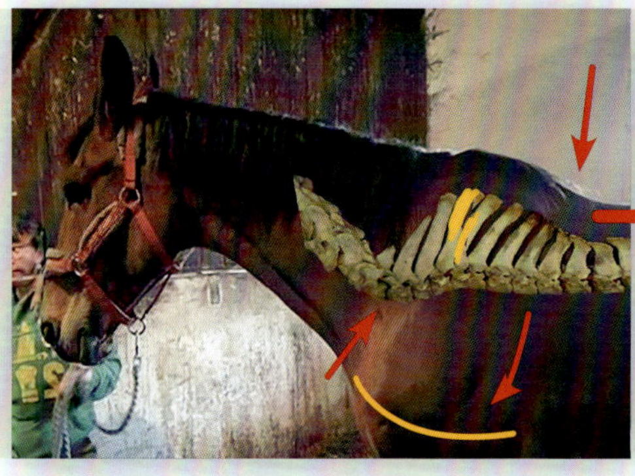

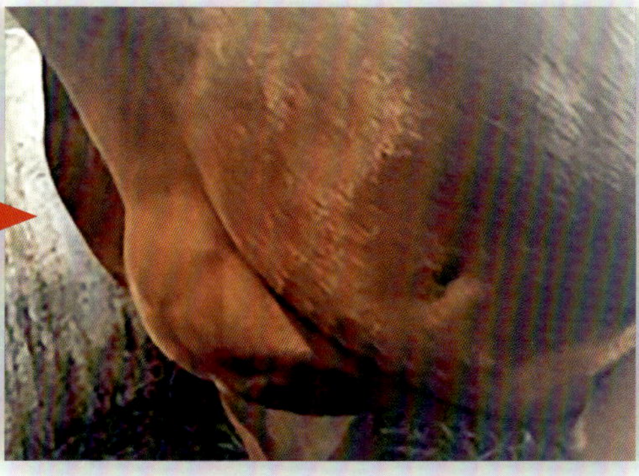

3 Zusammenfassung

Der Schlüssel ist eine gute Brust- und Bauchmuskulatur.

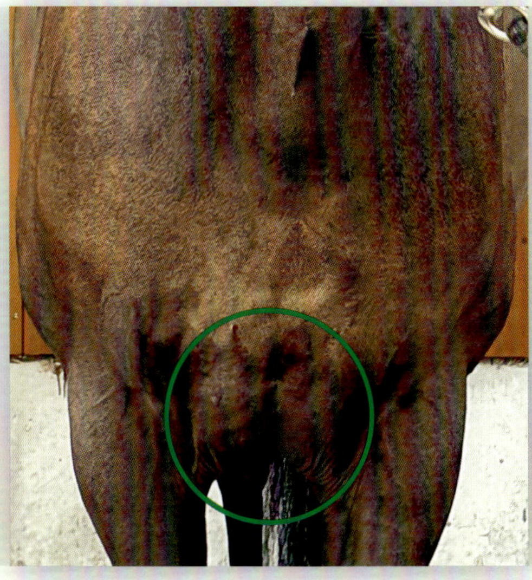

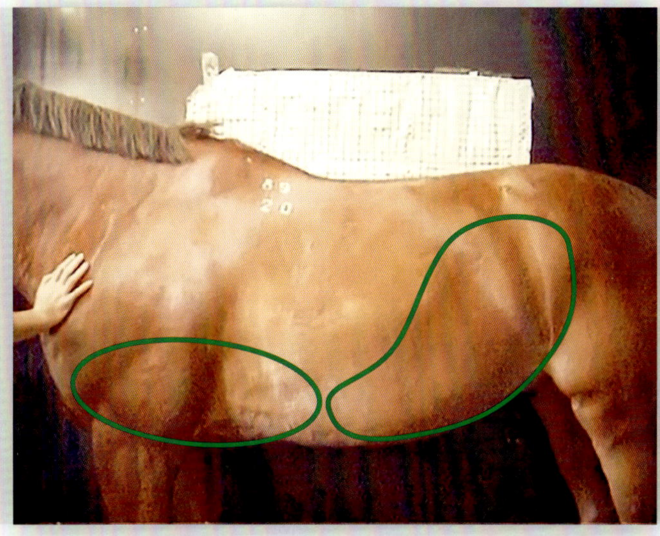

Fassen wir zusammen: „Ein schöner Rücken kann auch entzücken“ ist nur die halbe Wahrheit. Um den Rücken des Pferdes wirklich schön aussehen zu lassen – und zwar vom Widerrist bis zum Schweif – ist die Brust- und Bauchmuskulatur der Schlüssel.

Erinnert ihr euch an das Beispiel aus Kapitel „Unmögliches wird möglich“. Genau dieses Pferd beschreibe ich hier im Extrem. Lest euch dieses Kapitel nochmals durch, es beruht auf Tatsachen und was diese Reiterin kann, könnt ihr auch! Sie weiß recht wenig über Anatomie und Physiologie des Pferdes, doch sie wusste, dass sie ihrem Pferd helfen wollte und hat einfach geputzt und durchgehalten.
Das Beispiel von „Unmögliches wird möglich“ zeigt, was schaffbar ist. Es gilt, nicht nur vier Wochen lang zu putzen und dann große Veränderungen und ein neues Pferd zu erwarten, sondern dies über die Jahre zu praktizieren. So wie dieses Pferd zu einer Schönheit geworden ist, wird es auch euer Pferd werden.

Deshalb muss ich es an dieser Stelle nochmal wiederholen:
Die Brust- und Bauchmuskeln sind **die Stützen der Wirbelsäule** und somit des gesamten Rückens.

Die Gegenwart zeigt, welche großen Probleme auf uns bei fast alle Rassetypen durch die Zucht, die Fütterung und auch durch einseitiges Training zukommen. Tierärztliche und therapeutische Maßnahmen von Rücken- und Halsproblemen bekommen wir auch durch unsere tägliche Unterstützung zuhause reell und dauerhaft unter Kontrolle.
Wir müssen umdenken, die Wunderpille, die die Probleme wegzaubert, gibt es nicht! Management ist das Zauberwort! Die Pferde sind mit diesen körperlichen Schwächen geboren oder es ist auf dem Lebensweg etwas Einschneidendes passiert. Diese Probleme begleiten sie ihr Leben lang und das dürfen wir auch dann nicht vergessen, wenn es ihnen richtig gut geht. Deshalb ist es so wichtig, aufmerksam zu bleiben und das Pferd und seine Bedürfnisse individuell zu managen. Rücken- und Halsproblematiken sowie Beinthemen bekommen wir dadurch unter Kontrolle.
Pferden mit Stoffwechselproblematiken geben wir eine Chance, dass ihr Körper im Fluss bleibt. Pferde mit diffusen, sprich unklaren neurologischen Auffälligkeiten haben die Chance, wieder ein fast normales Leben zu führen. Dies sind alles Schwächen, die sie ihr Leben lang begleiten. Alles in allem lautet das Stichwort: managen.

Werdet und vor allem bleibt aktiv! Der Anfang ist geschafft!

Ich wünsche euch jetzt viel Spaß beim Tun, Fühlen, Nachlesen und Lernen. Lasst die Bilder vom Anfang dieses Buches immer und immer wieder auf euch wirken. Durch die Wiederholungen konditioniert ihr euer Gehirn darauf, die schönen Bilder abzuspeichern, und beginnt den Nutzen vom Putzen zu verstehen.
In diesem Sinne: **Gut geputzt ist halb massiert und mobilisiert.**

Anmerkung:
Dieses Buch ist ein Leitfaden und kein Gesetz. Ich habe es auf Grundlage meiner Erfahrungen geschrieben und immer die größtmögliche Sicherheit im Tun mit einbezogen. Jedoch kann ich nicht persönlich vor Ort sein, um unterstützend zu helfen. Das heißt: Jeder von euch trägt die Verantwortung selbst und sollte sich dessen bewusst sein.

Meine Lebensgeschichte

Geboren als Expertin? Sicher nicht. Ständiges Lernen hat mich zu dem wachsen lassen, was ich heute bin und noch werden darf. Immerwährend Antworten auf Probleme und Auffälligkeiten zu finden, ist mir ein Bedürfnis. Je mehr ich weiß, desto spannender wird es, das Universum Körper und seine Zusammenhänge zu verstehen. So kompliziert die Dinge manchmal scheinen, so simpel können die Zusammenhänge tatsächlich sein. Wir haben in der heutigen Zeit Einblicke in die kleinsten Details. Das ist wunderbar, denn so viel Wissen hatten wir noch nie. Allerdings sollten wir uns nicht im Detail verlieren, sondern es immer in Bezug auf das Ganze betrachten.

Durchhalten und offenbleiben – das ist mein Appell an euch. Das möchte ich euch ans Herz legen, bis ihr ein für euch zufriedenstellendes Ergebnis erreicht habt. Mich hatten beispielsweise jahrelang Halsarthrosen und Hüftproblematiken bei den Pferden beschäftigt. Ich wollte Antworten. Über die Zeit lernte ich, wie ich diese Erkrankungen behandeln und managen kann, doch ich wollte unbedingt auch wissen, wie sie entstehen und welche körperlichen und charakterlichen Auswirkungen sie haben. Ist es eine echte Ataxie oder sind es nur Koordinationsschwierigkeiten und ist deshalb das Körpergefühl gestört? Wie konkret sind die Schmerzen und wie beeinflussen sie das Verhalten und den Charakter der Pferde? Ist Steigen, Bocken und Wegrennen nur Arbeitsverweigerung? Machen Sturheit und Unfreundlichkeit den wirklichen Charakter der Pferde aus? Durchhaltevermögen und glückliche Zufälle haben mir nach Jahren endlich die Antworten gegeben, auf die ich so lange gewartet habe. Ich möchte euch mit meiner Lebensgeschichte Mut machen. Ganz gleich, was ihr tut, oder welches Projekt ihr euch vorgenommen habt.

25 Jahre, 26 Nationen – ein Resümee

Besonders stolz bin ich darauf, dass es inzwischen Reiterinnen und Reiter mit ihren Pferden aus mehr als 26 Nationen sind, die ich betreuen durfte, darunter Australien, Deutschland, Österreich, Brasilien, Kolumbien, Niederlande, Bermuda, Belgien, Frankreich, Dänemark, Großbritannien, Italien, Türkei, Irland, Russland, Portugal, Polen, Estland, Finnland, Südafrika, Spanien, Ungarn, Slowenien, Schweiz, Kanada und die USA.

Spannend und oft sehr emotional waren auch die vielen Events, denen ich beiwohnen durfte:

- Internationale Tierärzte-Kongresse und Forschungsprojekte
- Viele internationale Turniere und Championate, Welt- und Europameisterschaften, bei denen ich wachsam die Therapie immer wieder auf die Bedürfnisse der Pferde und die Umstände ausgerichtet habe.

Aber von vorn ...

Der Virus Pferd – Meine Jugendzeit und die Sehnsucht nach Pferden, die immer da war

Umgeben von Tieren wuchs ich auf einem kleinen Bauernhof in Oberschwaben auf, in Wangen im Allgäu. Mein Wunsch war es, ein Pony zu besitzen. Fehlanzeige. Meine Eltern waren dagegen. Mit vierzehn Jahren ergab sich für mich die Chance einer Reitbeteiligung. Damit ich so oft wie möglich zu den Pferden konnte, gab es nur eine Möglichkeit: Ab aufs Fahrrad. Der Weg von knapp zehn Kilometern ging bergauf und bergab, Sommer wie Winter. Ich wollte zu den Pferden – und wenn es nur zum Ausmisten war.

Später konnte ich auch weiterhin meinen Beruf die Landwirtschaft und die Pferde verbinden und mir den Traum vom eigenen Pferd erfüllen – der Wallach Dominique. Landwirtschaft ist etwas Großartiges – direkt an der Basis zu leben und zu lernen, Verhaltensweisen der Tiere zu erleben, der tagtägliche Umgang miteinander ... In dieser Zeit habe ich die Wichtigkeit des angepassten Fütterns, des Putzens, des „Im-Hier-und-Jetzt-Sein" (schon allein wichtig wegen der Unfallgefahr mit Rindern und Co.) gelebt und schätzen gelernt.

Ein fester Bestandteil war auch, die Kühe täglich morgens nach dem Melken zu putzen. Alle Kühe hatten einen Namen und obwohl sie eigentlich nur Nutztiere waren, herrschte eine Verbindung und Wertschätzung jedem einzelnen Tier gegenüber. Das wissen die wenigsten Menschen. Landwirtschaft ist eine Produktionsstätte für Milch und Fleisch und so wird in der Öffentlichkeit dieser Aspekt des Zusammenlebens erst gar nicht beleuchtet. Diese Aufgabe, sich die Verbindung zum Tier tagtäglich zu erarbeiten, prägt mich bis heute.

Eines Tages hat ein Unfall reingrätscht. Ich fuhr mit Auto und Anhänger von der wöchentlichen Reitstunde zurück. Ich hatte angehalten, um anschließend in unsere Hofeinfahrt abzubiegen. Ein Auto kam von hinten angefahren und übersah, dass ich stand. Mit voller Wucht knallte es in den Pferdeanhänger. Die Querstangen waren fast um 90 Grad nach vorn und hinten verbogen. Der Tierarzt diagnostizierte Zerrungen und Stauchungen im Lendenbereich meines Pferdes und behandelte es mit einer Eigenbluttherapie. Augenscheinlich erholte es sich wieder. Allerdings war nichts mehr wie vorher. Ständige Koliken bei Wetterwechsel waren die Folge, welche sich so ausweiteten, dass ich immer öfters nachts schweißgebadet aufwachte, weil ich im Pferdestall Geräusche hörte und glaubte, die nächste Kolik sei im Anmarsch.

Wie hätte ich mein Pferd unterstützen können? Nichts hat so richtig geholfen. Ich kam mir so hilflos vor. Wenn ich damals schon gewusst hätte, was ich heute weiß ... Was kann ich tun, um Behandlungen zu unterstützen und anschließend die Pferde gesund zu erhalten. Wenn ich die Zusammenhänge zwischen Unfall und Kolik verstanden hätte, hätte ich so viel mehr helfen können.

Wie kam ich eigentlich zur Pferdesporttherapie? – Mein kurioser Weg dahin

Im Jahr 1995 wuchs in mir der Wunsch, mehr mit Pferden zu arbeiten. Mit 25 Jahren war ich zu „alt“ für eine Ausbildung. Tierärztin werden? Nein, dass dauerte mir zu lange, und außerdem wurde mir klar: Ich will nicht tagtäglich diese vielen Krankheiten und Verletzungen sehen und mit vielen Medikamenten, Bestecken und Geräten hantieren. Ich schaute meine Hände an und wusste: Ihr seid mein Werkzeug. Doch wie sollte ich es angehen? Der Traum allerdings war geboren und meine Gedanken kreisten ständig darum.
Ich hatte mir das Ziel gesetzt, eine Ausbildung als Amateur-Reitlehrerin anzustreben. Dafür brauchte ich das silberne Reitabzeichen. Über das Training und die Prüfung für dieses Abzeichen kam ich zu Dagmar in den Reitstall.

1996 kam der entscheidende Wendepunkt. Nach Bestehen des Abzeichens half ich weiterhin bei Dagmar im Reitstall aus, so oft es meine Zeit zuließ. Es war toll, mit einem Menschen zusammen zu sein, dem Pferde wichtig waren und der sehr viel über sie wusste. Eines Tages fragte sie mich, ob ich nicht Lust hätte, an einem Seminar über „Muskeltherapie" bei einem Kanadier namens Michael Baxter teilzunehmen. Es folgten drei Tage voller Faszination. Pferde zu fühlen, zu sehen und zu erleben, welche Reaktionen sie zeigen. Die Theorie, welche nach der Praxis stattfand, wurde dadurch umso verständlicher. In dieser Zeit habe ich meine ersten englischen Sätze gelernt und verinnerlicht. Das Motto lautete: „Learning by doing" und „Feel, don't think". Mein Traum begann Wirklichkeit zu werden.
Absolut fasziniert habe ich danach eine Ausbildung bei der International Academy of Equine Sport Therapy begonnen und absolviert. Jeder Teilbereich war ein Highlight. Die Pferdesporttherapie wurde zu meiner Leidenschaft. Jede freie Minute standen die Pferde im Mittelpunkt. Ich besuchte nicht nur die Unterrichtseinheiten, sondern half mit, wo es nur möglich war. Ob beim Herrichten der Tiere für die Seminare, beim Aufräumen oder beim Vorbereiten der Pferde. Ich hatte meine Erfüllung gefunden und freute mich schlichtweg auf alles, was es über Pferde und ihre Welt zu lernen gab.

Zuhause habe ich mir immer direkt „Opfer" gesucht, um die neuen Erkenntnisse und Techniken auszuprobieren. Obwohl ich nur übte, stellten sich bei den Pferden sehr schnell Verbesserungen ein.
Bei einem zusätzlichen Intensivkurs Ende 1997 präsentierte uns Michael „reale" Patienten. Die erste Aufgabe bestand darin, uns mit den erlernten Entspannungstechniken und den Pferden vertraut zu machen. Mir wurde eine Welsh Pony Stute zugeteilt, doch was ich nicht wusste: Die Stute ließ sich nur mit sehr viel Einfühlungsvermögen berühren. Michael staunte, als sie entspannt, mit gesenktem Kopf und halb geschlossenen Augen dastand. Im Anschluss fragte er mich, ob ich für ihn arbeiten mochte. Der Bauch sagte sofort ja, der Verstand brauchte Bedenkzeit.

Die Reise zu einem internationalen Tierärztekongress nach Virginia/USA im Jahr 1998 drängte mich förmlich zu einer Entscheidung.

Die Reise war Faszination pur. Noch nie in meinem Leben war ich so überzeugt von einer Idee. Alle Zweifel und Bedenken, meinen krisensicheren Job bei der Behörde aufzugeben und die sichere Umgebung zu verlassen, hatten ihre Kraft verloren. Noch nie in meinem Leben war ich so spontan überzeugt davon, mein Leben komplett zu verändern und den Schritt in eine neue Zukunft zu wagen.

Ausschnitt aus der Reiterrevue 2000:

Sportphysiotherapeut Michael Baxter „Locker durchs Leben" (Die Betreuung des Aegon-Teams und die Arbeiten auf Turnieren): „ … Unterstützt wird Baxter bei seinem Mammutprogramm von seiner Partnerin Karin Link, einer seiner ehemaligen Schülerinnen. ‚The missing link – Karin ist so talentiert und engagiert, da habe ich sie gleich für mich behalten', schmunzelt Baxter. Während er in Frankfurt weilte, kümmerte sich Karin Link beim Weltcup-Turnier in Genf um die Pferde von Beat Mändli …"

Wie ging es in den folgenden Jahren weiter?

An der Seite von Michael Baxter habe ich unfassbar viel gelernt. Sein grandioses Wissen über die Pferde in der Herangehensweise und Denkweise im therapeutischen Bereich, sein Umgang mit Pferden, sein kanadisches Horsemanhip und auch das Training der Pferde vom Boden aus und an der Longe sind überragend. Und nicht nur das: Ich lernte von ihm auch sehr viel über die Biomechanik der Pferde. Zudem war Michael auch der Einfluss des Reiters sehr wichtig, welches er in ein geniales Seminar „Die Kunst des Harmonischen Reitens" verpackte. Diesen Seminarteil habe ich später übernommen, da ich die Angst und das „Unvermögen" als Reiterin nur zu gut kannte und ich mich in die Reitschüler umso besser einfühlen konnte.

2001 bis 2003 war ein weiterer Lern-Meilenstein im Bereich der Rehabilitation von Pferden. Damals waren Rehakliniken noch wenig verbreitet und wir wollten uns stationär niederlassen. In Warendorf wurde eine der ersten großen Rehakliniken gebaut, mit Aquatrainer und Hochgeschwindigkeitslaufband (d.h. auch für Trab und Galopp), in Kooperation mit der ortsansässigen Pferdeklinik. Back on the road ging es 2004 wieder in die Fahrpraxis und zu den

Pferden vor Ort in ihr eigenes Zuhause und auf die Turniere und Championate. Der Sport und das Mitfiebern für unsere Reiter hatte uns wieder.

Olympische Spiele Hongkong 2008

Ein besonderes Highlight waren die Olympischen Spiele in Hongkong 2008. Vier Wochen waren wir als großes Team unterwegs. Unsere Reise begann bereits mit einem Quarantäne-Aufenthalt in der Aachener Soers. Die Atmosphäre dort war einzigartig. Als Therapeutin war ich oft auf dem legendären CHIO Aachen im Einsatz, auch bei den World Equestrian Games 2006. Die Stallungen waren mir vertraut, und auch dort fühlte man diese gewisse Besonderheit. Ich hatte von den Reiterinnen und Reiter gehört, es sei eine Ehre und erzeuge ein besonderes Kribbeln, in dieser Arena reiten zu dürfen. Aufgrund der laufenden Prüfungen sah ich die Arena immer nur von der Tribüne aus, doch in der Quarantänezeit konnte ich zum ersten Mal einen Fuß in das Stadion setzen. Die Atmosphäre war magisch. Während wir die Pferde an der Hand durch die Arena führten, genoss ich jeden Augenblick.

Unser Team und ich begleiteten die Pferde beim Flug, während die Reiter separat flogen. Ein Flug mit den Pferden ist ein Erlebnis sondergleichen. Normalerweise müssen die Flugbegleiter während der Start- und Landephase aus Sicherheitsgründen vorn sitzen. Unsere Flüge wurden jedoch so gewählt, dass wir vor allem in der Start- und der Landephase bei den Pferden waren.
In Hongkong waren die Stallungen mein Zuhause. Die Pferde zu beobachten, mitzuerleben, wie sie sich verhalten und welche Gruppendynamik sie entwickeln, war unbeschreiblich. Ich durfte Teil davon sein. Ich hätte nie für möglich gehalten, wie schnell Pferde in sich wachsen. In diesen vier Wochen haben sich alle verändert, sind förmlich größer und sicherer geworden.

Nicht nur als Individuum, sondern auch als Patchwork-Familien-Herdenverbund. Quasi eine moderne Konstellation, die anstatt durch die Steppe per Transfer mit Lkw und Flugzeug reist.

Ein absolut unerwartetes Highlight war der Antritt zum Rückflug. Jeweils ein Betreuer war mit zwei Pferden in einem Transportanhänger. Als wir oben im Flieger die Anhängerfolien hochzogen, wieherten sich unsere Team-Pferde zu. Ja, ich konnte es fast nicht glauben, wie sie sich verhielten. Ich sah, wie die vorderen Pferde nach hinten schauten, die Pferde im mittleren Anhänger nach vorn und nach hinten und sie wieherten leise, als wollten Sie sich fragen: Seid ihr alle da? Erst danach widmeten sie sich ihren Heunetzen und begannen zu fressen. Ein wahrhaft magischer Moment, den ich so nie für möglich gehalten hätte.

Der Virus Pferd, der mit 40 Jahren wieder ausbricht

Nachdem bereits Jahre ohne eigene Pferde ins Land gegangen waren, beschloss ich im Alter von 35 Jahren, keins mehr in mein Leben zu lassen. Sämtliche Möglichkeiten, irgendetwas in diese Richtung anzustreben, erschienen einfach zu kompliziert. Ich hatte meinen Frieden gefunden und war durch die Therapien immer von Pferden umgeben. Dieser Vorsatz hielt noch weitere fünf Jahre. Dann trat Roxi in mein Leben. Ich habe viel Zeit gebraucht, um mich wirklich für sie zu entscheiden.
Schließlich hatte ich doch eine Lebensstrategie ohne eigene Pferde gefunden. Aus meiner Vergangenheit und der Angst heraus, ihr nicht gerecht zu werden, zögerte ich. Heute kann ich sagen: Zum Glück habe ich mich überreden lassen. Ich bin mehr als glücklich, dass sie in mein Leben getreten ist.
Unglaublich, aber wahr: Roxi ist nicht allein geblieben. Inzwischen begleiten uns Georg, Lille und „Hengtschi“, die ihr im Buch kennengelernt habt.

Es hat sich irgendwie ergeben, ohne dass ich es bewusst gesteuert hätte. Wie auch immer, ich bin sehr glücklich, dass sie da sind. Als Erwachsener erlebe ich die Pferde anders als damals. Ich wurde aktiv und begann die Dinge, die ich aus meinem Therapeuten-Dasein bereits wusste, noch genauer zu hinterfragen. Ich habe die Chance wahrgenommen, meine Ängste zu überwinden und die Verantwortung für ein eigenes Pferd zu übernehmen. Von da an versuchte ich immer zu lernen und zu verstehen, warum etwas passiert. Lerne, der Verantwortung ins Gesicht zu schauen und diese für die Pferde zu übernehmen. Als Therapeutin komme und gehe ich wieder. Die Pferdebesitzer sind nach meinem Besuch wieder auf sich allein gestellt. Jetzt erlebe ich die gleichen Herausforderungen, denen meine Kunden tagtäglich begegnen. Pferde übers Jahr zu betreuen und sie zu managen ist eine andauernde Herausforderung. Ich habe dafür vollen Respekt und weiß, wie es sich anfühlt. Auch ich möchte, dass es meinen Schützlingen gut geht. Sie vertrauen mir und sind von mir abhängig. Ich suche so lange nach Lösungen und Strategien für auftretende Probleme, bis ich das Passende gefunden habe. Ich überlege, was Sinn macht und was schlussendlich effektiv ist, um dann die richtige Mischung anzuwenden.

Nicht nur das Finden von Lösungen ist mir wichtig. Ich will auch verstehen, warum Pferde so reagieren, wie sie reagieren. Roxi und ihre „Gang“ haben mir neue Pforten geöffnet und es mir so ermöglicht, noch genauer hinzuschauen, zu fühlen und zu verstehen, was hinter einem Problem steckt. Ihr Dasein hat meine Kanäle geweitet. Für sie einzustehen, sie ernst zu nehmen. Sie alle geben, was sie in dem Moment zu geben fähig sind. Sie vertiefen nach wie vor mein Bauchgefühl, meine Intuition, gepaart mit Wissen und Erfahrung. So darf ich jeden Tag weiter dazulernen.

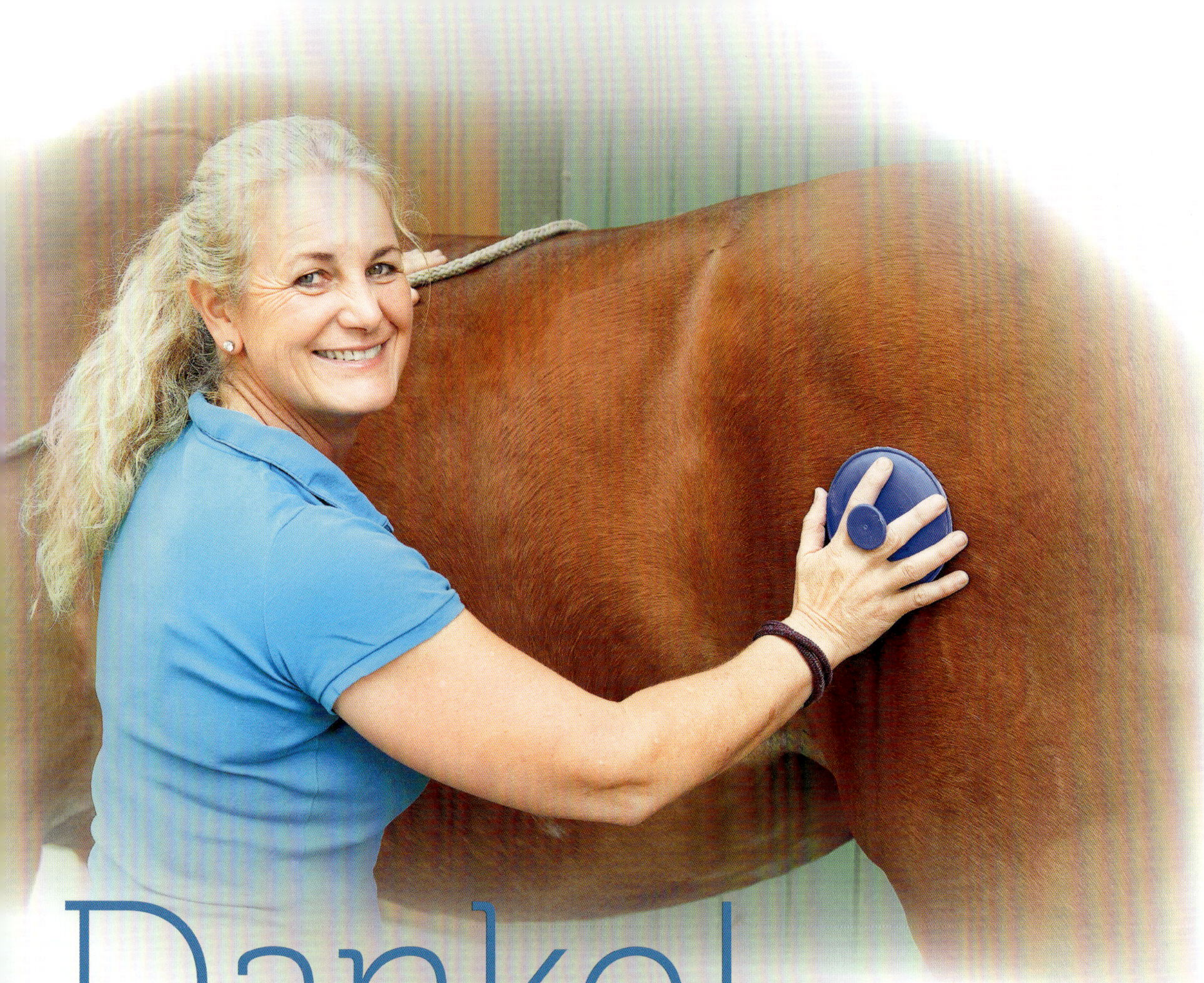

Danke!

Ein Dank an alle Menschen und ihre Pferde, die ich bisher treffen durfte. Die mir ihr Vertrauen schenken und meine Hilfe in Anspruch nehmen. Manche sind mir seit über zwanzig Jahren treu. Ihr motiviert mich, passende Lösungen zu finden und nach verständlichen Erklärungen dafür zu suchen, warum und wieso etwas geschieht, um dann langfristige Verbesserungen zu erzielen. Durch euch lerne ich teilweise mehr als ihr selbst.

Danke an meine Eltern, die mir diesen wundervollen Namen gegeben haben. Karin steht für „Aufrichtigkeit" und Link für „Verbindung". Diesen Namen zu tragen ist mir eine Ehre. Ich habe es mir zur Aufgabe gemacht, ihn bestmöglich zu leben und weiterzutragen.

Für mich sind Pferde sehr sensibel und sie verdienen eine aufrichtige Verbindung. Menschen tendieren dazu, Emotionen zu verstecken. Pferde bringen unsere Gefühle an die Oberfläche.

Pferde sind stille Zeitgenossen. Sie fühlen unsere Emotionen, sie fühlen, dass bei ihrem Partner Mensch etwas nicht stimmt. Und sie sind für uns da. Aber, auch das kann schon mal in Bauchweh oder einer Kolik enden. Aus diesem Grund verdienen unsere Pferde von uns eine aufrichtige Verbindung.

Erfreuen wir uns an den Kleinigkeiten, die immer wieder geschehen. Trotz 25-jähriger Berufserfahrung begeistert es mich jedes Mal, wenn ein Pferd während der Behandlung als Zeichen des ersten Entspannens nicht nur abkaut oder gähnt, sondern vor allem tief Luft holt und zur Krönung einen großen Pups lässt. Dieser erste große Pups zeigt mir, das Pferd lässt innerlich wirklich los. Der größte Vertrauensbeweis und das schönste Geschenk für mich.
Einen besonderen Dank möchte ich meinem kanadischen Lehrer Michael Baxter aussprechen. Wahrlich ein Genie in seinem Tun und Wissen über Pferde! Stetig am Tüfteln und ein echter Wegbereiter. Er hat meinem Leben eine komplett neue Richtung gegeben, und das bezieht sich nicht nur auf meinen Lebensradius. Er hat mich gelehrt, Pferde als Ganzes wahrzunehmen. Sie auf eine andere Art und Weise zu sehen und zu verstehen. Er war schon damals seiner Zeit weit voraus und heute kann ich sagen: Von ihm zu lernen, war das größte Glück, das mir zuteilwerden konnte. Mit wenig Wissen viel bewirken. „Learning by doing" – das ist seine Philosophie. Fühlen-Lernen-Verstehen-Wachsen. So ist die 1994 von ihm gegründete International Academy of Equine Sport Therapy in allen ihren Teilbereichen aufgebaut. Zuerst sind wir immer zu den Pferden gegangen, die Theorie wurde anschließend im Klassenzimmer vermittelt. „The martial art of learning" – eine bessere Art zu lernen gibt es nicht.

Adriana, meine Kundin und Freundin, die immer an mich geglaubt hat und es nach wie vor tut. Sie unterstützt mich in jeglicher Hinsicht, ist immer für mich da, auch wenn es mal schwierig wird. Sie hat maßgeblich dazu beigetragen, dass ich wieder eigene Pferde habe und in diesem Punkt an mich selbst glauben kann. Danke.

Ein Dank auch an meine Pferde, die mich treu begleiten. Ihr seid immer für mich da, egal wann ich komme. Jedes Mal freut ihr euch und begrüßt mich mit einem inbrünstigen Wiehern. Ihr schenkt mir eure Aufmerksamkeit und verzeiht mir meine Fehler. Durch euch durfte ich viel dazulernen, sodass nun auch ich meiner Zeit voraus bin. Ja, manchmal seid ihr auch nachtragend. Allerdings nicht wegen mir – eure Vorerfahrungen sind der Grund, warum ihr in euer altes Verhalten zurückrutscht. Die Erfahrungen mit euch sind so unendlich wertvoll. Ich lerne eure Persönlichkeit zu achten und euch körperlich einzuschätzen. Über die Jahre haben wir gemeinsam gelernt, Respekt, Achtung und Vertrauen voreinander zu haben. Und was zeichnet eine tief verwurzelte Partnerschaft mehr aus, als gemeinsam durch dick und dünn zu gehen?

Anhang

Putzen – Anleitung „To Go“

Nach dem Lesen dieses Buches wird es dir wahrscheinlich so ergehen, dass du die Umstände so nicht mehr länger hinnehmen willst, sondern dein Pferd wirklich verstehen und fühlen möchtest. Was tut ihm gut und was nicht?

Es zeigt, dass du Verantwortung übernimmst und willst, dass es deinem Pferd langfristig gut geht. Jede einzelne Frage und jedes Bild, das du ausmalst, werden dir Erkenntnisse über dein Pferd und dich selbst geben. Die unsichtbaren Veränderungen werden schneller sichtbar. So wirst du die kleinsten Verbesserungen erkennen können und Störungen schneller eliminieren.

Mit diesen folgenden Arbeitsblättern wirst du eine Routine entwickeln, die dich im Umgang mit jedem Pferd verändern und prägen werden.

Am Ende wirst du die Pferde mit anderen Augen betrachten.

Ich wünsche dir gutes Gelingen und viel Spaß dabei!

Führe zu Beginn eine Bestandsaufnahme zur gesundheitlichen Situation deines Pferdes durch. Nimm hierzu das Formular von Seite 25 zur Hand.

Erstelle dann mit der Kamera ein Profilbild von deinem Pferd. Ein Seitenbild von links und rechts. Die Kamera beziehungsweise das Handy wird so gehalten, dass das Pferd einmal in das Kameraprofil passt. Kein Vergrößern!

Das Handy mittig auf Bauchhöhe halten im 90-Grad-Winkel zum Pferd. Weder schräg von vorn noch von hinten oder von unten sowie von oben fotografieren. Es würde die Bilder in ihren Schattierungen und vor allem auch in den Winkeln von Rückenlinie, Bauchlinie und Beinlinien verfälschen!
Bitte auch auf die Lichtverhältnisse achten! Sonne und Schatten auf dem Pferd verfälschen ebenfalls!

Hier ist Platz für deine Aufnahme!

Kopiervorlage „Selbstanalyse vor dem Putzen“

Male jeweils das zutreffende Hufeisen aus:

Wie gehts mir?

Gestresst Gelassen

Viele Gedanken auf einmal Wenig Gedanken

Unkonzentriert, noch weit weg Gedanken im Stall „angekommen“

Wie ist meine Atmung?

Oberflächlich und schnell Tief und langsam

Brustkorb eng, Rippen eng Brustkorb weit, Rippen beweglich

Sehe und nehme ich mein Pferd wahr?

Nein, ich bin unkonzentriert Ja, ich bin konzentriert

Ich sehe die Bewegungen nicht ich sehe, wie es sich bewegt

Wie wirkt mein Pferd auf mich?

Gestresst, mit großen Augen Entspannt, mit weichen Augen

Mein Pferd übersieht mich Mein Pferd registriert mich

Wie nehme ich Kontakt mit meinem Pferd auf?

Ich bewege mich schnell und hektisch Ich bewege mich langsam und ruhig

Ich bin ungeduldig und warte nicht Ich bin geduldig und warte

Ich gehe frontal Richtung Kopf zu Ich gehe schräg Richtung Hals

Ich berühre mein Pferd am Kopf Ich berühre mein Pferd an der Schulter

Kopiervorlage „Die einzelnen Putzregionen"

Hier hast Du die Liste, um zu sehen, ob Du alle Bereiche geputzt hast:

- ☐ Die obere Schulterregion
- ☐ Die mittlere, vordere und untere Schulterregion
- ☐ Die Schultergelenksregion
- ☐ Der vordere Brustbereich
- ☐ Der muskuläre Teil der Vorderbeine
- ☐ Der „Trapez"-Bereich und die Gurtlage
- ☐ Der lange Rückenmuskel
- ☐ Die Kruppenregion
- ☐ Seitliche Kruppenmuskulatur
- ☐ Die Hüftregion
- ☐ Die obere Hosenmuskulatur
- ☐ Die untere Hosenmuskulatur
- ☐ Die seitliche Knie- und Unterschenkelmuskulatur
- ☐ Die Innenseite des Beines
- ☐ Der seitliche Brustkorb und die Rippen
- ☐ Hinterer Bauchraum und die Flanke
- ☐ Die große Bauchdecke
- ☐ Die Brustmuskulatur
- ☐ Der Halsbereich

Kopiervorlage „Mein Pferd – Empfindlichkeitsprotokoll“

Male hier die angenehmen Stellen grün an – die unangenehmen Stellen rot:

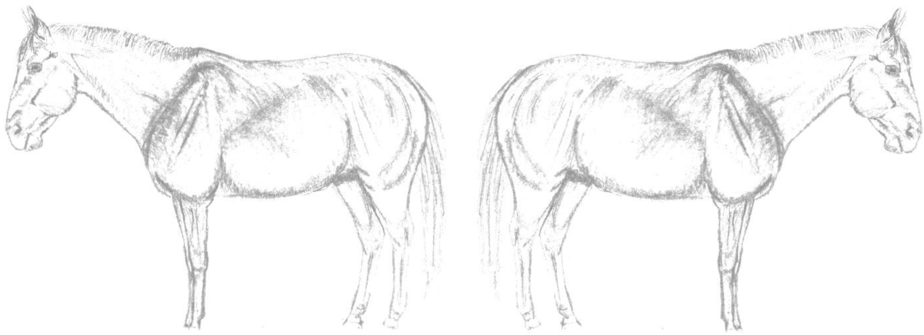

- [ ] Hat mein Pferd entspannt?
- [ ] Hat es gegähnt?
- [ ] Hat es gepupst?
- [ ] Hatte mein Pferd das Putzen genossen?
- [ ] Hatte ich wenig Putzdruck?
- [ ] Hatte ich viel Putzdruck?
- [ ] Konnte ich den Putzdruck in den einzelnen Regionen anpassen?
- [ ] Konnte ich ins Hier und Jetzt ankommen?
- [ ] Habe ich mich rhythmisch beim Putzen bewegt?
- [ ] Habe ich gleichmäßig tief durchgeamtet?

Hier ist Platz für Fragen, Auffälligkeiten und Besonderheiten:

Kopiervorlage „Wie beweglich ist mein Pferd?"

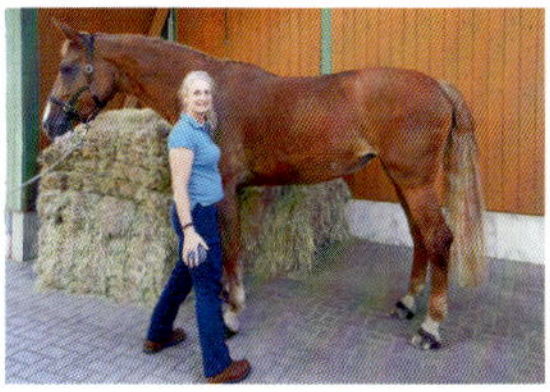
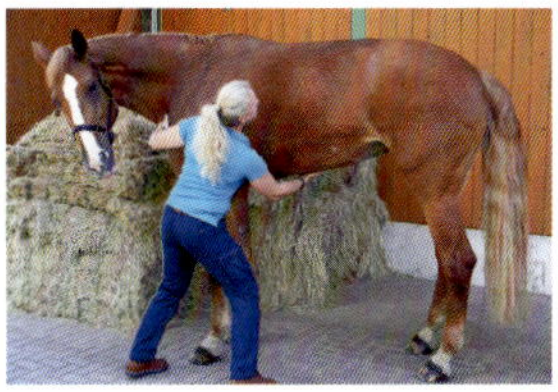
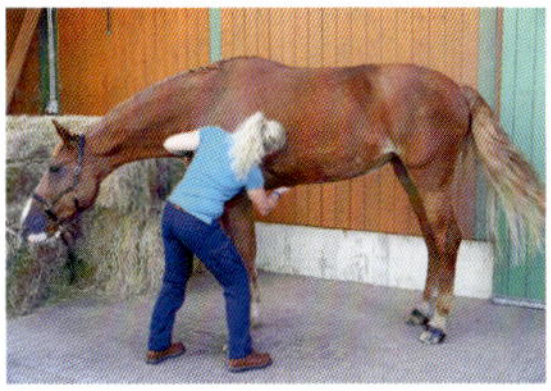

Tag 1:	☐ gar nicht	☐ mittelmäßig	☐ sehr beweglich
Tag 14:	☐ gar nicht	☐ mittelmäßig	☐ sehr beweglich
Tag 28:	☐ gar nicht	☐ mittelmäßig	☐ sehr beweglich

Rumpfindex

Nimm ein Maßband und miss an zwei Stellen am Rumpf den Umfang:

1. Gurtlinie:
Linie direkt hinter dem
Ellenbogen

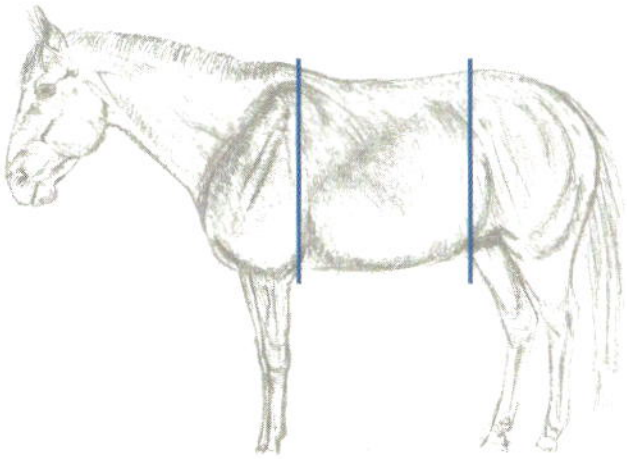

2. Flanke:
Ende Sattellage,
18. Brustwirbel

	Gurtlinie in cm	Flanke in cm
Tag 1:		
Tag 14:		
Tag 28:		

Abschlussfragen

Was hat sich verbessert oder verändert?

Wie fühlst du dich?

Wie hat sich die Verlinkung zu deinem Pferd verändert?

Wie weit bist du deinem Ziel nähergekommen?

Weitere Notizen:

Gratuliere, du hast durchgehalten

An dieser Stelle möchte ich dir Mut machen, **weiterzumachen.**

Integriere es in deinen Alltag. Mach es zu einer Routine.

Vorteile, die von unschätzbarem Wert sind:
- Du verlinkst dich mit deinem Pferd.
- Du weißt, was nötig ist und was nicht.
- Du sparst Zeit.
- Du sparst Geld.
- Du übernimmst die Kontrolle.

Also, hör nicht auf, nur weil du am Ende dieses Buches angelangt bist.

Mach weiter, in eurem Interesse. Erfolg hat drei Buchstaben: **TUN**

Hast du Interesse tiefer in das Universum Pferd eintauchen zu wollen, dann komm zu den Workshops oder melde dich bei mir.

Es gibt noch so vieles zu entdecken und zu lernen!

Bis dahin wünsche ich dir gutes Gelingen.